Mitarbeitertypen

Und wie Sie mit ihnen zusammenarbeiten

Anja von Kanitz

2. Auflage

HAUFE.

Inhalt

Unterschiede managen – eine Führungsaufgabe 5

- Das Erfolgsrezept der Menschheit: Vielfalt 6
- Die große Herausforderung heute 8
- Was Ihnen typgerechte Führung bringt 11

Vom Individuum zum Typ 13

- Was ist individuell – was ist gleich? 14
- Können wir Mitarbeiter ändern? 15
- Typische Charakterzüge: Big Five 17
- Seelische Heimatgebiete: das Riemann-Thomann-Kreuz 23

Mitarbeitertypen erkennen und führen 37

- 11 Typen in Ihrem Arbeitsumfeld 38
- So führen Sie richtig: variabel fordern und unterstützen 59

Gesprächsführung mit unterschiedlichen Typen 79
- Gespräche typgerecht vorbereiten 80
- Wichtige Gesprächstechniken 83
- Überzeugen 85
- Motivieren 93
- Delegieren 100
- Feedback geben und kritisieren 103
- Meetings moderieren 108
- Mit schwierigen Typen umgehen 113

- Stichwortverzeichnis 124

Aus Gründen der besseren Lesbarkeit wird bei Personenbezeichnungen und personenbezogenen Hauptwörtern in diesem Buch das generische Maskulinum verwendet. Entsprechende Begriffe gelten im Sinne der Gleichbehandlung grundsätzlich für alle Geschlechter. Die verkürzte Sprachform hat nur redaktionelle Gründe und beinhaltet keine Wertung.

Vorwort

Als Privatpersonen umgeben wir uns vorzugsweise mit Menschen, mit denen wir uns gut verstehen. Warum sollten wir unsere Freizeit mit jemandem verbringen, der uns mit seiner Pedanterie oder seiner Empfindlichkeit auf die Nerven geht? Im Arbeitsleben können wir das weniger frei entscheiden. Da haben wir zwangsläufig auch mit Leuten zu tun, deren Verhalten uns befremdet. Hier gibt es jedoch einen Trick: Man beschränkt sich im Kontakt mit ihnen einfach aufs Allernötigste.

Nur als Führungskraft können Sie sich es nicht mehr erlauben, anderen gezielt aus dem Weg zu gehen und sie einfach machen zu lassen. Sie müssen mit den Menschen arbeiten, die Sie in Ihrem Team vorfinden – so wie sie sind. Von Konrad Adenauer ist der Rat überliefert: »Nehmen Sie die Menschen wie sie sind – andere gibt's nicht.« Menschen zu führen, die einem nicht liegen, die ganz anders ticken als man selbst oder die einem vielleicht sogar richtig unsympathisch sind – das ist allerdings eine echte Herausforderung!

In diesem TaschenGuide erfahren Sie, warum Menschen so verschieden sind und wie Sie mit diesen Unterschieden umgehen können. Verstehen Sie, wie andere Typen »ticken«, können Sie Ihren Führungsstil typgerecht anpassen. Ihre Nerven werden dadurch geschont und Ihre Zusammenarbeit wird sich deutlich verbessern!

Anja von Kanitz

Unterschiede managen – eine Führungsaufgabe

Vielfältige Begabungen, Interessen und Fähigkeiten sind das Erfolgsrezept der Menschheit – auch heute in einer eng getakteten und stark regulierten Arbeitswelt.

In diesem Kapitel erfahren Sie,

- welche Vorteile es hat, dass viele unterschiedliche Menschen zusammenarbeiten,
- welche Herausforderungen das an Sie als Führungskraft stellt und
- was Sie gewinnen, wenn Sie diese Unterschiede in Ihrer Führung berücksichtigen.

Das Erfolgsrezept der Menschheit: Vielfalt

Die Menschheit hat sich in den letzten 200.000 Jahren rasant entwickelt: vom affenähnlichen Säugetier hin zu einer Spezies, die sich ihre Nahrung selbst anbaut, Krankheiten bekämpft und Flugzeuge entwickelt. Wie war dies möglich? Eine Antwort darauf ist die stark ausgeprägte Fähigkeit verschiedener Menschen zu kooperieren. Man teilt seine Erfahrungen und seine Erfolge. Man gibt sie weiter. Aufgaben, die man alleine nicht lösen kann, löst man gemeinsam. Man ergänzt sich. Der eine ist stark, die andere schlau, der nächste ausdauernd. Im Zusammenspiel sind die Menschen stärker geworden als alle anderen Lebewesen; stärker als die Widerstände, denen sie begegneten, und clever genug, um selbst für die vertracktesten Probleme Lösungen zu finden. Einer hat eine Idee, die nächste entwickelt sie weiter, jemand anderes experimentiert damit und wieder andere konstruieren darauf aufbauend eine nie da gewesene Lösung. Das Erfolgsrezept lautet: Unterschiedlichkeit, Austausch von Wissen und Kooperation.

Wären wir Menschen alle gleich, wäre diese Entwicklung unmöglich (gewesen). Sie beruht darauf, dass wir unterschiedliche Begabungen, Temperamente, Fähigkeiten, Interessen und Ideen haben. Und darauf, dass wir uns darüber austauschen und von anderen lernen können. Bronzewerkzeuge aus Palästina, Zahlen aus Arabien, Papier aus China, landwirtschaftliche Bewässerungssysteme aus Ägypten und Rom, Sportwettkämpfe und Demokratie aus Athen – schon früher fand dieser inspirierende Austausch weltweit statt. Und auch damals sind die Menschen arbeitsteilig vorgegangen. Nicht jede konnte alles und nicht jeder machte alles. Aber jeder machte irgendetwas, das der Gemeinschaft und dem Überleben der Gemeinschaft zugutekam.

> Ein Erfolgsrezept: Akzeptieren Sie, dass Menschen unterschiedlich sind. Lassen Sie sie das tun, was sie am besten können. Sorgen Sie dafür, dass sie mit vereinten Kräften auf ein gemeinsames Ziel hin arbeiten.

Dass es unterschiedliche Persönlichkeiten gibt, ist menschheitsgeschichtlich ein Vorteil. Wären alle Menschen scheu, ängstlich und introvertiert, hätten sie nichts getan und entdeckt, was Selbstbewusstsein und Risikobereitschaft erfordert. Australien wäre nicht besiedelt, Amerika nicht von den Europäern entdeckt worden. Wären hingegen alle selbstbewusst und risikofreudig, gäbe es die Menschheit sehr wahrscheinlich nicht mehr. Die Vorsichtigen sicherten den Fortbestand der Menschheit, indem sie Risiken vermieden, während viele Wagemutige ihre Neugier und Experimentierfreude mit dem Leben bezahlten. Wir verdanken unser Leben und Überleben auch dem Umstand, dass wir als Typen sehr verschieden und trotzdem in der Lage sind zusammenzuarbeiten.

Heute ist auch der Erfolg eines Unternehmens abhängig davon, dass sich verschiedene Menschen mit unterschiedlichen Kenntnissen, Erfahrungen, Begabungen für die gemeinsame Sache einsetzen. Verlangt man vom Controller systematisches, analytisches, penibles Arbeiten, so sollte die Vertriebschefin ein gutes Gefühl für die Kunden, aber auch für die unterschiedlichen Charaktere ihres Teams haben. Sie muss strategisch denken, gut motivieren und netzwerken können und auch mit Produktentwicklern und Marketing-Fachleuten gut kooperieren. Penibel muss sie dafür nicht sein. Ein modernes Unternehmen braucht für verschiedene Aufgabenprofile verschiedene Persönlichkeitstypen. Allen gemein ist, dass sie mit anderen, die anders sind, kooperieren und kommunizieren können müssen – das Erfolgsrezept der Menschheit seit vielen tausend Jahren. Trotzdem ist es heute anders – schwieriger.

Die große Herausforderung heute

Früher musste eine kleine, überschaubare Zahl von Menschen in einem Clan, einem landwirtschaftlichen oder handwerklichen Betrieb miteinander klarkommen. Vertraute Menschen, die sich überwiegend von Kind an kannten, kooperierten miteinander. Man lebte naturnah und war räumlicher Enge nur in der Kälte oder in der Nacht ausgesetzt. Die Zeit war durch den Lauf der Sonne und die Jahreszeiten rhythmisiert. So war für ausreichend Schlaf und Müßiggang gesorgt.

Heute sind die Gruppen, mit denen wir im Job zu tun haben, deutlich größer. Sie sind bunt zusammengewürfelt: Menschen verschiedenen Alters und Geschlechts, die sich vorher nie gesehen haben. Menschen mit unterschiedlichen Ausbildungen, Gewohnheiten und Persönlichkeiten und aus zahlreichen Herkunftsländern müssen an den gleichen Aufgaben auf das gleiche

Ziel hin arbeiten. Sie verbringen viele Stunden des Tages dicht gedrängt in Büros und Besprechungsräumen. Sie müssen unter Zeitdruck komplexe Probleme diskutieren und gemeinsam entscheiden. Früher entschied einer alleine und die anderen folgten. Heute reicht das Wissen einer einzelnen Person nicht mehr aus, um in der global vernetzten und hoch technisierten Wirtschaftswelt den nötigen Überblick für Entscheidungen zu haben.

In modernen Unternehmen und Institutionen finden wir uns statt in überschaubaren, vertrauten Gemeinschaften in großen, unübersichtlichen, dicht bevölkerten Systemen wieder. Unterschiedliche Typen gab es schon immer. Aber dass diese so eng zusammenleben und in wechselnden Gruppen kooperieren müssen, ist neu.

Die große Zahl der Kontakte, wechselnde Gruppen, die räumliche Enge in Büros, zeitliche Taktung und der Zwang zur Kooperation sehr unterschiedlicher Typen stellen eine ganz neue Herausforderung für jeden einzelnen Menschen und speziell für Führungskräfte dar. Das erfordert mehr als je zuvor die Fähigkeiten, andere zu verstehen und Toleranz zu üben.

Gleiche Anforderungen – unterschiedliche Wege

In großen Systemen wie Unternehmen, Verwaltungen und Institutionen herrschen vereinheitlichte Regeln und Anforderungen. Die Menschen sind aber so verschieden wie eh und je. Als Führungskraft sind Sie mittendrin: Auf der einen Seite stehen die fest definierten Ansprüche, Aufgaben und Ziele Ihres Unternehmens, auf der anderen die unterschiedlichen Menschen mit ihrer sehr eigenen Art, Dinge wahrzunehmen und sich den Aufgaben und Anforderungen zu stellen. Was tun? Alle gleich behandeln? Man hat das lange versucht und schließlich gemerkt, dass es nicht funktioniert. Nicht nur im Profifußball hat man umgestellt auf individualisierte, typgerechte Führung. Ein guter Trainer holt durch personenspezifisches Training und individuelle Ansprache das Beste aus jedem Einzelnen heraus. Doch trotz ihrer Unterschiedlichkeit müssen die Spieler auf dem Platz als Team funktionieren, sich ergänzen. Die Schwächen des einen werden durch die Stärken des anderen ausgeglichen und umgekehrt. Nur wenn das gelingt, können sie als Mannschaft überzeugen.

Gleiches gilt für gute Führungskräfte. Sie schauen genau hin: Was ist das für ein Typ? Was braucht er, um seine Sache gut zu machen? Was liegt ihr? Was mag sie nicht? Auf welche Ansprache reagiert er? Was lähmt ihn? Was motiviert sie? Auch wenn die Ansprüche im Unternehmen an alle gleich sind, Leistungen gemessen und verglichen werden, so sind die Menschen doch offensichtlich sehr verschieden. Die Anforderungen mögen gleich sein. Aber die Wege, die die Menschen gehen, um ans Ziel zu kommen, sind verschieden. Manchmal müssen auch die Ziele verschieden sein. Vorgesetzte müssen also je nach Typ unterschiedlich begleiten und führen, wenn sie erfolgreich sein wollen.

Typgerechte Führung ermöglicht es Ihnen als Führungskraft, den Spagat zwischen Anforderungen des Unternehmens und der Realität der Menschen so gut wie möglich hinzubekommen.

Was Ihnen typgerechte Führung bringt

Wenn Sie sich mit Persönlichkeitstypen auseinandersetzen, versuchen Sie einen Überblick über das soziale Gefüge in Ihrer Umgebung zu bekommen. Sie sehen nicht nur eine Menge verschiedener Menschen, sondern Menschen, die in groben Zügen Gemeinsamkeiten und Unterschiede haben, Menschen, die Gemeinsamkeiten mit Ihnen aufweisen und solche, die sehr anders »funktionieren«. Dieser Überblick hilft Ihnen, besser zu begreifen, was sich zwischen Ihnen und den anderen abspielt:

- Sie können schneller Problemfelder erkennen, die auf der Unterschiedlichkeit von Persönlichkeiten beruhen, und besser realitätstaugliche Lösungen finden.
- Es wird Ihnen besser gelingen, in Gesprächen auf Einzelne einzugehen, weil Sie verstehen, wie sie »ticken« und wie Sie etwas bei ihnen erreichen.
- Sie können die Arbeit im Team so organisieren, dass Sie die unterschiedlichen Stärken der Teammitglieder gezielt nutzen. Die Arbeit aller wird auf diese Weise effizienter und freudvoller.
- Es wird Ihnen leichter fallen, gelassener und bewusster mit Menschen umzugehen, die anders sind als Sie. Dadurch schonen Sie Ihre Nerven.
- Sie wissen genauer, was Sie von Einzelnen fordern und verlangen können und wo es besser ist, es sein zu lassen und die Energien sinnbringender einzusetzen.

- Sie können Ihr Team gezielt typgerecht ergänzen und so für Ausgeglichenheit sorgen.
- Sie sind durch Ihr Verhalten Vorbild für den Umgang mit Unterschiedlichkeit – der sog. Diversity – und können die Atmosphäre im Team hin zu Toleranz und Kooperation prägen.

Auf einen Blick: Unterschiede managen

- Der Grund für die ethische, ökonomische und soziale Entwicklung der Menschheit war von Beginn an die Vielfalt ihrer Persönlichkeiten.
- Führung heißt heute: Viele sehr unterschiedliche Menschen unter nicht immer optimalen Bedingungen auf ein gemeinsames Ziel ausrichten.
- Führung funktioniert nur, wenn Mitarbeiter sich in ihrer Persönlichkeit gesehen, gefordert und unterstützt fühlen.
- Vorgesetzte müssen also je nach Typ unterschiedlich begleiten und führen, wenn sie erfolgreich sein wollen.

Vom Individuum zum Typ

Jeder ist ein Unikat. Und doch sind sich viele Menschen ähnlich. Deshalb sprechen wir von Persönlichkeitstypen – eine Strukturierung der Vielfalt, die es uns leichter macht, andere zu verstehen.

In diesem Kapitel erfahren Sie,

- wie ausgewählte Typen-Modelle Ihnen helfen, sich trotz der Vielzahl und der Widersprüchlichkeit menschlicher Verhaltensweisen schnell zu orientieren,
- auf welchen Persönlichkeitsmerkmalen diese Modelle basieren,
- wie Sie diese nutzen, um Ihre Mitarbeiter und Mitarbeiterinnen, aber auch sich selbst besser einzuschätzen.

Was ist individuell – was ist gleich?

Nicht nur die Fingerabdrücke und die DNA eines jeden Menschen sind einmalig, sondern auch die Persönlichkeit ist es, und das in mehrfacher Hinsicht. Erstens genetisch: Bis auf eineiige Zwillinge verfügt kein Mensch über dieselbe genetische Ausstattung wie ein anderer. Zweitens verfügt jeder Mensch über eine eigene Lebensgeschichte. Auch wenn sich die Experten noch darüber streiten, welche und wie viele Anteile unserer Persönlichkeit genetisch bedingt sind und welche durch Erziehung, Kultur und Umwelt geprägt sind: Heute weiß man, dass beides eng miteinander verknüpft ist. Genetische Anlagen können sich nur in einer dafür passenden Umwelt und mit entsprechenden Anregungen entfalten.

Was Sie gelernt, erlebt und manchmal auch erlitten haben, das haben so nur Sie erlebt. Nur Ihr Gehirn und Ihr Körper verfügen über exakt diesen Erfahrungsschatz. Die Wechselwirkung zwischen Ihren Anlagen und Ihrer Lebenspraxis hat aus Ihnen die Persönlichkeit gemacht, die Sie heute sind. Da dieses Wechselspiel täglich mit neuen Erfahrungen gespeist wird, ist unsere Persönlichkeitsbildung nie abgeschlossen, wir entwickeln uns stetig fort. Jede ist anders, jeder ist besonders.

Einmalig und trotzdem ähnlich!

Doch wenn wir alle so einmalig sind, wie kommt es dann, dass wir trotzdem bestimmte Typen erkennen können? Trotz unserer Individualität teilen wir einige Merkmale mit anderen Menschen.

Das lässt sich gut an den physischen Merkmalen zeigen: Jeder Mensch hat – bedingt durch die vielen unterschiedlichen Blutwerte – ein spezifisches Blutbild. Trotzdem gibt es eine überschaubare Zahl an Blutgruppen, die sich durch die Oberfläche der roten Blutkörperchen unterscheiden. Sie selbst werden die Blutgruppe A, B, AB oder 0 haben, ohne sich das ausgesucht zu haben. Ähnlich ist das bei der Persönlichkeit. Auch wenn das, was Sie ausmacht, höchst speziell und eigen ist, teilen Sie Eigenschaften und Verhaltensweisen mit anderen Personen, ohne sich das ausgesucht zu haben. Sie gehören zu einer Gruppe von Menschen, die etwas miteinander verbindet. Sie haben einen ähnlichen Typus, auch wenn sie sich in anderer Hinsicht unterscheiden. Der Sozialpsychologe G.W. Allport brachte das auf den Punkt: Jeder Mensch ist in gewisser Hinsicht a) gleich allen anderen Menschen, b) gleich einigen anderen Menschen, c) gleich keinem anderen Menschen. Wenn wir von Typen sprechen, dann meinen wir Punkt b): Eigenschaften und Verhaltensweisen, die wir mit einer Gruppe anderer Menschen teilen, die aber nicht charakteristisch für alle Menschen sind (a). Einmalig (c) macht uns vor allem die Mischung und Ausprägung unserer Eigenschaften und Verhaltensweisen, die auf unsere einzigartige genetische Ausstattung und unseren individuellen Lebenslauf zurückzuführen sind.

Können wir Mitarbeiter ändern?

Das menschliche Gehirn ist plastisch, das heißt, es ist flexibel und veränderbar. Wir sammeln täglich Erfahrungen und lernen dazu. Dadurch verändert sich das Gehirn Tag für Tag. Es ist allerdings genetisch vorgeprägt, und Gehirnstrukturen, die sich in Kindheit und Jugend gebildet haben, sind relativ stabil. Entwicklung und Veränderung sind also möglich, allerdings innerhalb dieser bedingenden Grenzen. Ohne einen geeigneten Körperbau und frühes, hochklassiges Training werden wir im fortgeschrittenen Alter kein Tennisprofi mehr. Aber vielleicht können wir es zu einem passablen Hobbyspieler bringen, wenn wir es wollen. Ähnlich ist es mit Verhaltensweisen. Mit einer Neigung, das große Ganze zu sehen und wenig Übung darin, sich mit Details abzugeben, hat es ein Erwachsener schwer, detailgenaues Arbeiten im fortgeschrittenen Alter wirklich gut zu erlernen. Es ist möglich, kostet aber sehr viel Willenskraft und Energie. Es ist auch fraglich, ob er bei einer Tätigkeit, die Sorgfalt erfordert, je so gut wird, wie jemand, der schon als Kind seine Playmobil-Kleinteile gezählt und penibel sortiert hat. Gleiches gilt für die Erwartungen von Vorgesetzten.

BEISPIEL:

Herr Falck ist Vertriebsleiter und ein sehr gut organisierter und gewissenhafter Typ. Er möchte alles unter Kontrolle haben und erwartet von seinen Mitarbeitern täglich einen Überblick, was sie wo mit wem gemacht haben. Herr Schneider, einer seiner Mitarbeiter, bringt exzellente Ergebnisse, bekommt aber trotzdem immer Ärger mit Herrn Falck. Er ist charmant, redegewandt, selbstbewusst, sehr engagiert und bei den Kunden beliebt und geachtet. Mit der Dokumentation hat er es aber nicht so. Er hasst es, Listen auszufüllen, und versteht auch nicht, wozu das gut sein soll. Das Wichtigste für ihn ist der Kunde und dass die Zahlen stimmen.

Natürlich kann Herr Falck versuchen, Herrn Schneider dazu zu bringen, jeden Tag ordentlich zu dokumentieren. Er wird viel Energie und Hartnäckigkeit investieren müssen, um ihn in dieses eng kontrollierende System zu pressen. Herrn Schneider wiederum wird es jeden Tag Überwindung kosten, die Zeit mit so etwas »Sinnlosem« wie Dokumentation zu verbringen – Zeit, die er doch besser für den Kunden nutzen könnte. Er wird auch häufig Gründe finden, warum er es nicht machen konnte, und er wird immer wieder mit seinem Chef aneinandergeraten. Das Durchsetzen dieser Regelung wird also beide viel Kraft und Nerven kosten und vermutlich auch die Beziehung belasten. Wenn Sie eine Person zu etwas bringen möchten, das ihrem Naturell nicht entspricht und dessen Sinn sich ihrem Denk- und Wertesystem nicht erschließt, wird es für Sie und den Anderen anstrengend und unerquicklich. Oft lohnt es sich mehr, nach anderen, für beide Seiten akzeptablen Lösungen zu suchen, als die eigenen Vorstellungen durchzudrücken.

> Menschen entwickeln und verändern sich erfolgreich, wenn das angestrebte Ziel mit ihrem Persönlichkeitstyp harmoniert. Gegen sein Naturell und seine persönliche Prägung anzuarbeiten, kostet viel Energie, die woanders effizienter und nachhaltiger eingesetzt werden kann.

Typische Charakterzüge: Big Five

Seit der Antike gibt es Versuche, typische Charaktere und deren Eigenschaften und Verhaltensweisen zu beschreiben. Alle heutigen Modelle fußen letztlich auf der Erfahrung der Vorgänger und sind als Weiterentwicklung des Menschheitswissens zu verstehen. Eines der Modelle, das international im Personalbereich für Recruiting, Assessment sowie Personal- und Teamentwicklung genutzt wird, stellen wir hier exemplarisch vor: Big Five.

Fünf Persönlichkeitsdimensionen

Die Amerikaner Gordon Allport und Henry Sebastian Odbert haben 1936 eine Liste von Eigenschaftsworten erstellt, mit denen sich Persönlichkeiten beschreiben lassen, und auf dieser Basis charakteristische Persönlichkeitsfaktoren herausgearbeitet. Nach jahrzehntelanger Forschung und Experimenten in verschiedenen Ländern wurde diese Liste auf fünf grundlegende Faktoren, die eine Persönlichkeit charakterisieren, reduziert – die sog. Big Five. Die folgende Tabelle zeigt einen Überblick über diese sog. Dimensionen. Die Buchstaben in der linken Spalte sind die gängigen Abkürzungen, die auf den englischen Bezeichnungen beruhen.

The Big Five: Dimensionen der Persönlichkeit

	<- - - - - - - Dimension - - - - - - ->		
E	Extraversion	versus	Introversion
O	Offenheit für neue Erfahrung (Openess)	versus	Konservatismus, Konventionalität
A	Verträglichkeit (agreeableness)	versus	(kompetitive) Konkurrenz, Aggression
C	Gewissenhaftigkeit (conscientiousness)	versus	Nachlässigkeit, Lockerheit
N	Neurotizismus (neuroticism)	versus	Emotionale Stabilität

Diese fünf Persönlichkeitsdimensionen sind noch einmal durch verschiedene Merkmale genauer aufgeschlüsselt, die bei der Einordnung helfen, ob beispielsweise jemand eher introvertiert oder extravertiert ist oder wie stark neurotizistische Züge ausgeprägt sind. Wenn Sie diese Maßstäbe an sich selbst anlegen, kann es durchaus sein, dass Sie bei drei oder vier Merkmalen eher zu Extraversion oder Neurotizismus neigen, bei zwei oder drei eher zu Introversion oder emotionaler Stabilität. Sie werden jedoch auch Typen kennen, deren Verhalten ganz klar in eine Richtung geht.

Dimension	Charakteristische Merkmale
Extraversion	Herzlichkeit, Geselligkeit, Durchsetzungsfähigkeit, Aktivität, Erlebnishunger, Glückserleben
Offenheit	Fantasie, Sinn für Ästhetik, Offenheit für Gefühle, Unternehmungslust / Neugier, intellektuelles Interesse / Offenheit für Ideen, Offenheit des Normen- und Wertesystems / Liberalismus
Verträglichkeit	Vertrauen, Freimütigkeit, Altruismus, Kompromissbereitschaft, Bescheidenheit, Gutherzigkeit
Gewissenhaftigkeit	Kompetenz, Ordnungsliebe, Pflichtbewusstsein, Leistungsstreben, Selbstdisziplin, Besonnenheit
Neurotizismus	Ängstlichkeit, Reizbarkeit, Depression, soziale Befangenheit, Impulsivität, Verletzlichkeit

BEISPIEL:

Introvertierte Menschen sind tendenziell eher reserviert im Kontakt mit anderen. Sie sind gerne für sich oder in kleinen vertrauten Runden, halten sich in Auseinandersetzungen eher zurück, schätzen Ruhe und müssen nicht dauernd durch andere unterhalten werden, um zufrieden zu sein. Sie neigen nicht zu euphorischen Gefühlen und sind im Umgang eher nüchtern. Extravertierte treten herzlicher auf, suchen die Gesellschaft von anderen, setzen sich in Diskussionen für ihre Interessen ein, sind aktiver, lieben Abwechslung und Neues, können sich schnell begeistern und teilen ihre Gefühle freimütig.

Ein Persönlichkeitsprofil erstellen

Um ein Persönlichkeitsprofil zu erstellen, werden alle Untergruppen der fünf Dimensionen abgefragt und bewertet. Wenn eine Person dies für sich selbst ausfüllt, erfahren wir, wie sie sich selbst einschätzt. Am Ende des Tests ergibt sich ein Profil (siehe die folgende Abbildung). Das Selbstbild entspricht jedoch oft nicht dem, wie andere sie erleben. Deshalb ist es aufschlussreich, dass auch Menschen die Person einschätzen, die sie gut kennen.

Dimension	++	+	0	-	--
Extraversion					
Offenheit					
Verträglichkeit					
Gewissenhaftigkeit					
Neurotizismus					

Beispiel für ein Profil aus Big Five

Eine Person mit diesem Profil zeigt eine sehr große Offenheit, gepaart mit Kontaktfreudigkeit, aber wenig Sinn für gewissenhafte, ordnungsorientierte Arbeit. Um in ihrem Job glücklich zu werden und wirklich gute Ergebnisse zu bringen, sollte sie Aufgaben bekommen, bei denen sie ihre Neugier, Flexibilität, Offenheit und Kontaktstärke nutzen kann, während von ihr weniger erwartet wird, regelkonform und gewissenhaft zu arbeiten. Für diese Person wäre ein Teampartner ideal, der ihre Schwächen beim systematischen, strukturierten und ordnungsorientierten Arbeiten ausgleicht und eine ähnliche Verträglichkeit aufweist.

Ein Schema für die Dimension »Neurotizismus – emotionale Stabilität«

Mit dem folgenden Schema von Merkmalen können Sie selbst ausprobieren, ein Profil zu erstellen, am Beispiel der Dimension »Neurotizismus – emotionale Stabilität«. Damit wird abgebildet, wie anfällig jemand für belastende Einflüsse, Gedanken und Gefühle ist. Stellen Sie sich ein Mitglied aus Ihrem Team vor und kreuzen Sie an, wie Sie es in Bezug auf die unten genannten Eigenschaften im Arbeitsleben einschätzen. Als Vergleichsgruppe können Sie die anderen Kollegen im Sinn haben. Also: Wie empfindlich ist Frau X im Vergleich zu anderen? ++ heißt, sie ist sehr empfindlich, – – bedeutet, gar nicht, das heißt, sie kann auch gut mit Kritik umgehen. Verbinden Sie anschließend die Kreuze. Bewegt sich die auf diese Weise entstehende Linie links von der Mitte, würden Sie der Person hohe neurotizistische Werte zuschreiben, das heißt sie so einschätzen, dass sie emotional leicht aus dem Gleichgewicht zu bringen oder unabhängig von Vorkommnissen emotional labil ist. Bewegt sich die Linie eher rechts, scheint die Person emotional recht stabil zu sein, auch dann, wenn die Umstände belastend sind.

Merkmale von »Neurotizismus – Emotionale Stabilität«					
	++	+	0	–	– –
launisch					
ängstlich					
empfindlich					
eifersüchtig					
nervös					

Merkmale von »Neurotizismus – Emotionale Stabilität«					
	++	+	0	–	– –
neidisch					
besorgt					
schnell entmutigt					
reizbar					
häufig traurig					
selbstunsicher					
nachtragend					
verschämt					
stressanfällig					

Praxistauglichkeit der Tests

Bei Tests arbeitet man oft nicht mit einzelnen Worten wie in der obigen Tabelle, sondern mit Sätzen, die man mit mehrstufigen Skalen bewerten kann, z. B.: »Oft werde ich von meinen Gefühlen hin- und hergerissen«, »Ich grüble viel über meine Zukunft«, »Ich bin gern mit anderen Menschen zusammen«, »Ich will immer neue Dinge ausprobieren«, »Ich habe schon immer ein Bedürfnis nach Sicherheit und Ruhe verspürt«, »Ich bin sehr pflichtbewusst«. Aus den Antworten schließt man dann auf die Big-Five-Dimensionen.

Bei professionellen Tests sollten die Tester über repräsentative Vergleichsdaten aus ähnlichen Branchen und Berufsgruppen verfügen. Im beruflichen Einsatz macht es wenig Sinn, eine Person mit der Normalbevölkerung zu vergleichen. Liegt ein

Controller in der Dimension »Gewissenhaftigkeit« etwas über dem Bevölkerungsdurchschnitt, kann es trotzdem sein, dass er im Vergleich zu anderen Controllern deutlich unter dem Durchschnitt abschneidet und so für diese Position eher nicht geeignet ist. Die Werte in solchen Tests sind folglich nicht absolut zu sehen, sondern haben nur Aussagekraft im Vergleich zu anderen. Im Internet finden Sie kostenlose Tests (z. B. wenn Sie nach den Stichwörtern »big five test kostenlos« suchen), mit denen Sie das Verfahren ausprobieren und Ihr Profil erstellen können. Sie werden merken, dass Sie je nach Fragestellung unterschiedliche Ergebnisse bekommen.

Für Sie als Vorgesetzte ist es hilfreich zu wissen, dass es diese Dimensionen gibt. Damit haben Sie Kriterien an der Hand, die Ihnen helfen, einen Mitarbeiter auch ohne Test schneller einzuschätzen und besser zu verstehen. Um typgerecht zu führen, müssen Sie die Mitarbeiterinnen nicht testen. Es ist jedoch sinnvoll, dass Sie sich darüber Gedanken machen, welche Dimensionen bei Ihren Teammitgliedern wie stark ausgeprägt sind und welche Konsequenzen das für die Aufgabenverteilung haben könnte.

Seelische Heimatgebiete: das Riemann-Thomann-Kreuz

Das in der Praxis bewährte Modell des Riemann-Thomann-Kreuzes ist kein Testmodell, sondern eine Analysehilfe, um Persönlichkeiten und deren Beziehungen untereinander zu verstehen.

Sie können es auch nutzen, um Konflikte besser zu begreifen und Ansatzpunkte für Lösungen zu finden. Sie erkennen dabei das »seelische Heimatgebiet« von Mitarbeitern und können ihnen das geben, was sie brauchen, um sich sicher zu fühlen und ihren Job gut zu machen. Das Kreuz besteht aus zwei sog. Achsen. Die erste Achse bezeichnet den Raum und zeigt den Spannungsbogen zwischen Nähe und Distanz.

Achse Nähe – Distanz

Jeder Mensch ist in seinem Leben herausgefordert, eine Balance herzustellen zwischen dem Wunsch, in einer Gemeinschaft aufgehoben und emotional geborgen zu sein (Nähe), und dem Bedürfnis, sich als unabhängiges Individuum zu verwirklichen und intellektuell-analytische Distanz zum Geschehen zu wahren. Beide Bedürfnisse sind widerstreitend. Manche Menschen orientieren sich auf dieser Achse mehr in Richtung Nähe, andere mehr in Richtung Distanz.

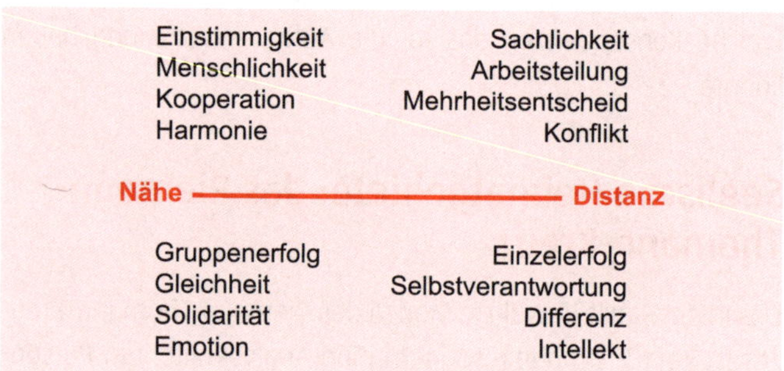

Merkmale auf der Achse »Nähe – Distanz«

Der Nähe-Typ

Sie erkennen Mitarbeiter, die auf der Achse weit links positioniert sind, an folgenden Eigenschaften und Verhaltensweisen:

- Eine gute Atmosphäre in der Gruppe ist Nähe-Typen sehr wichtig. Sie leiden, wenn es Spannungen gibt. Das beeinträchtigt ihre Arbeitsfähigkeit.
- Sie haben Empathie für andere. Sie merken, wenn es jemandem nicht gut geht, und sie versuchen zu helfen.
- Sie reagieren emotional auf Themen, Personen, Dinge und können ihre Gefühle nicht einfach übergehen.
- Konflikte belasten sie. Oft setzen sie ihre Interessen um des lieben Friedens willen nicht durch. Es fällt ihnen leichter, für andere zu kämpfen, als für sich selbst.
- Statt klar zu sagen, was sie (nicht) wollen, bevorzugen sie eine weiche Sprache: »Ich fände es gut, wenn ...«, »Ich würde mich freuen ...«, »Wir könnten ja mal ...« »Wäre es vielleicht nicht besser, wenn ...?«. Sie nutzen viele Weichmacher wie ‚eigentlich‘, ‚vielleicht‘, ‚eher‘, ‚ein bisschen‘.
- Sie bringen sich aktiv in die Gruppe ein, sowohl inhaltlich als auch atmosphärisch. Wahrscheinlich sind sie es, die Kompromisse vorschlagen oder jemanden, der lange nicht gesprochen hat, fragen, was er denkt. Sie planen das Sommerfest, bringen Kuchen für alle mit und organisieren Geburtstagsgeschenke.
- Kritik trifft sie häufig tief, weil sie nicht nur den sachlichen Aspekt sehen, sondern sich als ganzer Mensch betroffen fühlen.

Der Distanz-Typ

Personen mit ausgeprägter Distanzorientierung sind auf der Achse weiter rechts angesiedelt. Sie erkennen sie an folgenden Eigenschaften und Verhaltensweisen:

- Distanz-Typen schätzen es, autonom Dinge zu machen und zu entscheiden, ohne sich langwierig mit anderen abstimmen zu müssen.
- Sie haben kein Problem damit, alleine zu sein und alleine zu arbeiten. Sie brauchen die anderen nicht, um glücklich, zufrieden oder arbeitsfähig zu sein.
- Sie können sich in eine Aufgabe so sehr vertiefen, dass sie Raum und Zeit und vielleicht sogar ihre natürlichen Bedürfnisse wie Essen oder Schlafen vergessen.
- Gefühle sind ihnen eher suspekt. Sie bevorzugen eine sachliche und analytische Perspektive, selbst dann, wenn es um eher gefühlsbetonte Themen und Situationen geht. Menschen, die aus dem Bauch heraus handeln und ihre Gefühle offen ausleben, befremden sie.
- Sie haben kein Problem damit, zu sagen, was sie denken, und sich für ihre Interessen einzusetzen. Auch wenn alle anderen anderer Meinung sind, irritiert sie das nicht.
- Sie suchen den Konflikt nicht unbedingt aktiv, haben aber auch keine Hemmungen, Konflikte auszufechten.
- Im Umgang mit anderen können sie unsensibel und schroff sein. Oft haben sie Probleme, deren Empfindungen und Interessen überhaupt wahrzunehmen.

- Sie geben wenig Persönliches von sich preis.
- Am liebsten ist ihnen, man versteht sich einfach so, ohne sich sehr darum bemühen zu müssen.

Achse Dauer/Ordnung – Wechsel/Dynamik

Die zweite Achse besteht zwischen den Polen Dauer/Ordnung und Wechsel/Dynamik und bezeichnet eine eher zeitliche Dimension. Auch hier sind alle Menschen gezwungen, sich im Laufe ihres Lebens und jeden Tag aufs Neue zu positionieren. Der Unterschied besteht darin, dass die einen das, was passiert, planen und strukturieren möchten sowie gerne bei dem bleiben, was sich in der Vergangenheit bewährt hat. Die anderen geben sich eher der Zeit hin, genießen Abwechslung, sind offen für Veränderungen. Manche können beide Pole miteinander vereinbaren, andere fühlen sich im Dauer-Bereich wohler als im Wechsel-Modus, schätzen Ordnung und Struktur mehr als Abwechslung und Dynamik.

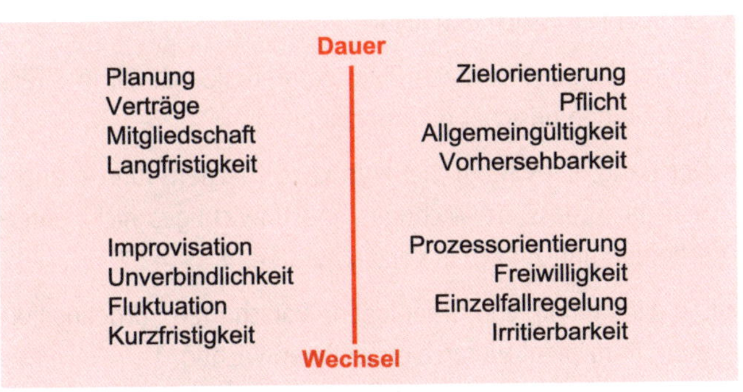

Merkmale auf der Achse »Dauer – Wechsel«

Der Dauer-/Ordnung-Typ

Spätestens dann, wenn Change-Prozesse im Unternehmen stattfinden, werden Sie die Dauer-/Ordnung-Typen erkennen. Folgende Verhaltensweisen deuten darauf hin:

- Dauer-/Ordnung-Typen stehen Veränderungen erst einmal ablehnend gegenüber. Das Neue beängstigt sie, weil sie ja noch nicht wissen, wie es wird.
- Sie haben es gern, wenn alles geordnet und geregelt ist. Das entspannt sie und gibt ihnen Sicherheit. Entsprechend bereitwillig halten sie sich an Vorgaben und Regeln und fordern das auch von anderen ein.
- Sie erledigen ihre Aufgaben systematisch, verlässlich und gewissenhaft. Die Frage, ob sie Lust haben, dies zu tun oder nicht, stellt sich ihnen nicht unbedingt. Das Pflichtgefühl steht im Vordergrund.
- Sie wissen Routine zu schätzen. Sie brauchen nicht jeden Tag Neues und Aufregendes, um zufrieden zu sein.
- Sie sind verlässlich und loyal.
- Laufen Dinge nicht nach Plan, geraten sie schnell in Stress und werden unsicher oder unzufrieden.
- Der Hang, alles möglichst korrekt zu machen, führt manchmal dazu, dass sie Wichtiges und Unwichtiges nicht unterscheiden und zeitlich in Verzug geraten.
- Die Einhaltung von Traditionen, Vorschriften, Umgangsformen, Prinzipien, Hierarchien ist ihnen wichtig.

Der Wechsel-Typ

Die folgenden Merkmale und Verhaltensweisen zeigen Ihnen, dass Sie es mit einem Wechsel-Typ zu tun haben:

- Wechsel-Typen lieben es, wenn noch nicht alles klar und geregelt ist, wenn es etwas zu entdecken oder neu zu gestalten gibt. Neugier ist ihr Antrieb.
- Sie sind Meister der Improvisation. Der Beamer geht nicht? Kein Problem, dann machen sie ihren Vortrag halt ohne Rechner und retten mit ihrer Lebendigkeit und ihrer guten Laune die Situation.
- In kürzester Zeit haben sie viele Ideen. Oft gelingt es ihnen auch, andere dafür zu begeistern. Schwierig ist es für sie eher, ein Projekt zu Ende zu bringen. Das ist dann nicht mehr ihr Ding.
- Sie hassen langweilige Routinearbeiten. Sie schieben sie oft auf und erledigen sie dann schludrig und lieblos.
- Weil sie auf alles Neue anspringen, verzetteln sie sich leicht: »Was war nochmal damit?«, »Ach ja, habe ich ganz vergessen ...«
- Sie reagieren spontan und sagen dann auch mal unüberlegte Dinge, legen aber selbst auch nicht alles auf die Goldwaage. Sie sind nicht nachtragend.
- Wenn ihnen jemand haarklein vorschreibt, was sie wie zu tun haben, verlieren sie schlagartig die Lust.

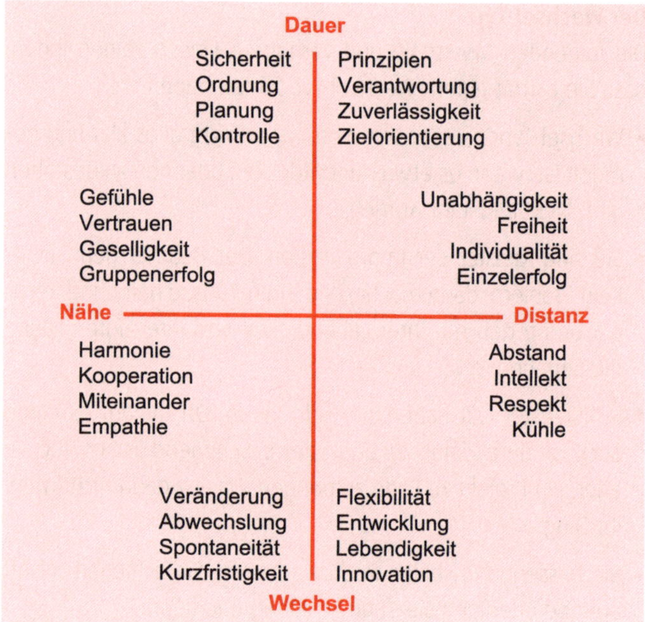

Das Riemann-Thomann-Kreuz

Seelische Heimatgebiete

Wenn man beide Achsen gemeinsam betrachtet, ergibt sich ein Gebiet innerhalb des Kreuzes, in dem sich eine Person besonders gerne bewegt. Der Psychologe Thomann nennt das »seelisches Heimatgebiet«. In diesem Bereich fühlt sich die Person sicher; es kostet sie wenig Mühe so zu handeln, weil es ihr vertraut ist.

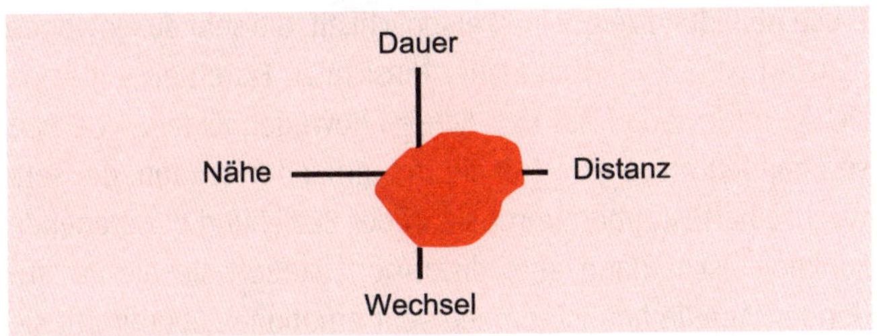

Ausprägung 1 im Riemann-Thomann-Kreuz

Die Fläche des seelischen Heimatgebiets in der Abbildung oben charakterisiert eine Person, die den sachlichen, analytischen Zugang zu Themen schätzt und der Autonomie und selbstständiges Arbeiten wichtig sind. Sie wird sich schwer tun mit Regeln, dem exakten Einhalten von Plänen und sonstigen Vorschriften. Abwechslung und Herausforderungen sind ihr sehr wichtig. Der linke obere Quadrant, der Nähe und Dauer abdeckt, ist fast nicht besetzt und liegt im sog. Schattenbereich dieser Person. Zu den meisten Kollegen wird sie kein warmes Verhältnis haben. Manche werden ihre Art, sich abzugrenzen, als Affront empfinden. Streit wird es vor allem mit solchen Menschen geben, die ihre Sprunghaftigkeit, Unordnung oder ihren laxen Umgang mit Absprachen und Regeln nicht ertragen können.

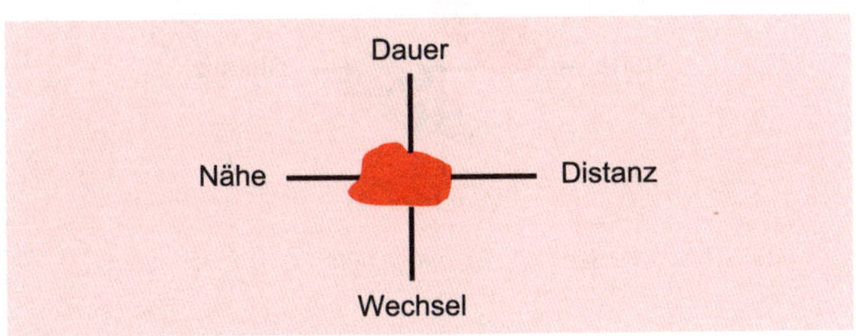

Ausprägung 2 im Riemann-Thomann-Kreuz

Diese Abbildung zeigt eine Persönlichkeit, die sehr ausgewogen platziert ist. Sie neigt in keiner Hinsicht zu Extremen und kann sich je nach Bedarf auf den Achsen bewegen. Eine solche Person handelt oft reaktiv. Hat sie mit jemandem zu tun, der sehr wechselhaft ist, übernimmt sie in der Beziehung die ordnende Funktion. Ist jemand eher distanziert, steuert sie die verbindenden Anteile bei. Ist jemand sehr emotional, übernimmt sie eher den sachlich-analytischen Part. Führungskräfte mit einem solchen Profil können die Führungsrolle sehr gut ausfüllen: nah, empathisch und verbindlich im Umgang mit Einzelnen, locker, flexibel, wenn es angesagt ist, aber auch Grenzen setzend und Struktur und Sicherheit gebend.

Herausforderung für Führungskräfte

Erfahrungsgemäß hat man mit denjenigen Mitarbeitern die meisten Probleme, die Felder besetzen, die weit vom eigenen seelischen Heimatgebiet entfernt liegen. Man spricht in dem Zusammenhang auch vom Schatten.

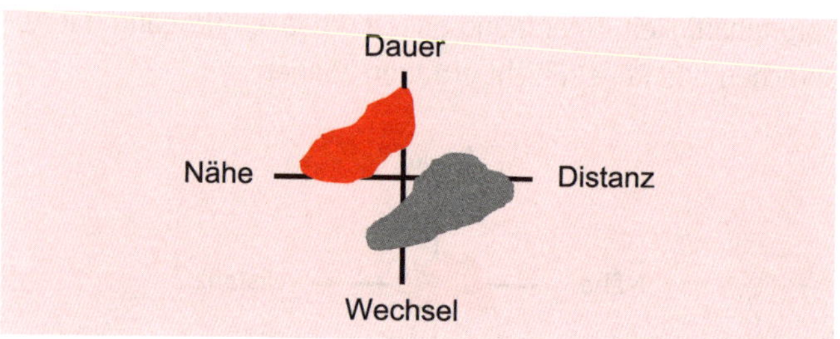

Sehr unterschiedliche seelische Heimatgebiete

Die beiden Flächen haben keine Schnittmenge. Angenommen, Sie sind als Führungskraft die Person mit dem roten Feld mit hohen Anteilen von Nähe und Dauer, dann ist Ihnen eine strukturierte, geordnete, verlässliche Arbeit, bei der man sich eng abspricht und kooperiert, wichtig. Ihre Mitarbeiterin mit dem grauen Feld ist jedoch ein eher spontaner Typ, die ihren Ideen folgen möchte und Absprachen gerne auch mal über den Haufen wirft, wenn ihr plötzlich etwas vermeintlich Besseres einfällt. Ihr Wunsch als Führungskraft, Pläne zu machen, Termine zu verabreden, sich regelmäßig zu treffen und auszutauschen, stört sie eher. Sie fühlt sich dadurch kontrolliert und in ihrer Arbeit behindert. Sie als Vorgesetzte hingegen ärgert es, wenn Ihre Mitarbeiterin Termine verschwitzt, Entwürfe anders gestaltet als abgesprochen und so tut, als könnte sie alleine alles am besten. Vielleicht bewundern Sie sie auch insgeheim für ihr Selbstbewusstsein und ihre Kreativität. Doch ihre Unzuverlässigkeit und Unkontrollierbarkeit löst in Ihnen regelmäßig Ängste aus, denn letztlich sind Sie verantwortlich dafür, dass am Ende alles klappt.

Grundsätzlich ist es schwieriger, Menschen zu führen, die völlig anders ticken als man selbst. Es ist allerdings ziemlich aussichtslos, sie dazu bringen zu wollen, so zu arbeiten wie man selbst. Es kann also nur darum gehen, Schnittmengen aufzubauen, Berührungsflächen, so dass beide Personen noch sie selbst sein können, aber Rücksicht auf die Bedürfnisse des anderen nehmen. Oft hilft aber allein das Erkennen dieser verschiedenen Positionierungen auf dem Riemann-Thomann-Kreuz schon, um

Lösungen zu entwickeln – Mindeststandards, die für beide Seiten gelten. Im Beispiel oben bedeutet das, dass die Führungskraft der anderen Person mehr vertraut, auch wenn sie nicht so planvoll vorgeht wie sie selbst. Auf Seiten der Mitarbeiterin heißt das beispielsweise, dass sie die Verantwortung der Führungskraft anerkennt und sich zu mehr Kommunikation bei wesentlichen Änderungen verpflichtet.

Selbsteinschätzung

Manche Menschen charakterisieren ihr seelisches Heimatgebiet im Arbeitsumfeld anders als im Privatleben. Es kann sein, dass sie privat mehr Nähe zulassen und sich im Job eher im distanzierten Modus bewegen oder dass sie im Job sehr systematisch und ordentlich sind, zu Hause aber alles rumfliegt und die Steuererklärung lange warten muss. Es kann auch sein, dass sie privat Abwechslung lieben, in jedem Urlaub in ein anderes Land fahren, neue Hobbys ausprobieren, im Arbeitsleben jedoch wenig offen für Veränderungen sind. Bei vielen decken sich aber private und berufliche Felder weitgehend. Es ist selten, dass man es lange in einem Beruf aushält, der viele Verhaltensweisen verlangt, die außerhalb des eigenen Heimatgebiets liegen. Es ist viel zu anstrengend und wenig beglückend, über viele Stunden des Tages Dinge tun zu müssen, die einem nicht liegen und die Überwindung kosten.

Übung: Selbsteinschätzung

Zeichnen Sie in der folgenden Abbildung mit einer Farbe Ihr seelisches Heimatgebiet als Privatperson ein. Wenn niemand Sie beeinträchtigte und Sie so handeln und leben könnten, wie Sie es möchten, wo wäre da Ihr Feld? Zeichnen Sie anschließend mit einer anderen Farbe Ihr Feld als Vorgesetzte ein: Wo liegt dort Ihr selbstverständliches Feld? Überlegen Sie dann: Wo ist Ihr Schattenfeld? Welche Regionen berührt Ihr Feld nicht, welche sind Ihnen eher fremd? Welche Personen kennen Sie, die sich vorzugsweise dort bewegen? Gibt es Mitarbeiter im Team, deren seelisches Heimatgebiet sehr fern von dem Ihren ist? Zeichnen Sie eine solche Person in einer dritten Farbe ein. Wie ist Ihr Verhältnis? Wie könnte eine Annäherung stattfinden? Wovon müssten Sie sich lösen, um der Person entgegenzukommen? Was können Sie an Entgegenkommen erwarten, ohne dass der andere sich aufgeben muss?

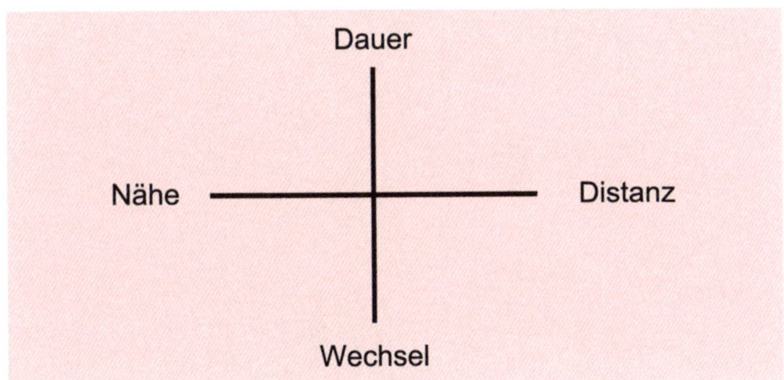

Riemann-Thomann-Kreuz zum Selbsteintragen

Auf einen Blick: Vom Individuum zum Typ

- Individualität und Typisierung sind kein Widerspruch: Wir sind Unikate und haben doch Gemeinsamkeiten.
- Das Modell »Big Five« ist eine Strukturierungshilfe, mit der sich viele verschiedene Charakterzüge in fünf Dimensionen bündeln lassen.
- Das Modell »Riemann-Thomann-Kreuz« zeigt auf, mit welchen Verhaltensweisen sich Menschen am wohlsten fühlen und in welchem Umfeld sie am leichtesten kooperieren und zu leisten bereit sind.
- Diese Typisierungen helfen Führungskräften auch, sich über sich selbst und über das Beziehungsgefüge in ihrem Team bzw. ihrer Abteilung klar zu werden.

Mitarbeitertypen erkennen und führen

Der Führungsalltag ist vielfältiger als ein Modell. Hier gibt es die Ängstliche, den Bürokraten, die Pragmatikerin und viele andere »Typen«. Mit allen von ihnen müssen Sie als Führungskraft umgehen können.

In diesem Kapitel erfahren Sie,

- welche Typen Ihnen am häufigsten begegnen und wie Sie diese erkennen,
- welche Chancen und Herausforderungen sich daraus für Sie als Führungskraft ergeben und
- wie Sie jeden von ihnen typgerecht fordern und unterstützen, also ressourcenorientiert führen.

11 Typen in Ihrem Arbeitsumfeld

Das individuelle Profil eines Menschen, sein Alter, sein Geschlecht, sein Beruf, die Branche – das alles kann variieren. Und doch lassen sich bestimmte Typen im beruflichen Umfeld immer wieder finden. Eine Typisierung ist immer eine Vereinfachung, sie bildet eine Person nicht zu 100 % ab, sondern skizziert grob eine herausstechende Seite der Persönlichkeit. So, wie die Blutgruppe eine Typisierung ist, aber zur Beschreibung eines Blutbilds nicht ausreicht. Hilfreich ist es trotzdem, wenn Sie charakteristische Verhaltensmuster im beruflichen Alltag typisieren, denn Sie betrachten dann nicht Einzelsituationen, sondern erkennen Muster. Dies erleichtert es Ihnen, die Stärken, Schwächen und Vorlieben der Person besser zu berücksichtigen. Zudem verhindert es, dass Sie durch Ihr Verhalten negative Muster vielleicht noch verstärken und damit Konflikte schüren. Deshalb ist es wichtig, bestimmte Mitarbeitertypen, denen Sie häufig begegnen, zu kennen.

Der Bürokratische: Alles geht seinen geregelten Gang

Es gibt Leute, die lassen sich durch nichts von ihrem vorgegebenen Weg abbringen. Sonderfälle? Ausnahmen? Flexibel auf Veränderungen reagieren? All das liegt außerhalb ihres Vorstellungsbereichs. Es ist kein Problem für sie, Nein zu sagen. Regeln werden mit aller Konsequenz und bis ins letzte Detail durchgesetzt – zuverlässig bis hin zu stur. Auf der Dauer-Wechsel-Achse befinden sich diese Personen weit oben, der Big-Five-Wert »Gewissenhaftigkeit« im Bereich »Ordnungsliebe und Pflichtbewusstsein« ist sehr hoch, die Offenheit für Neues niedrig.

Mögliche Problematik im Job

Heute gibt es nur noch wenig Arbeitsbereiche, in denen einem nicht ein Mindestmaß an Flexibilität abverlangt wird. Wegen ihrer Gründlichkeit und ihrem Drang, sich hundertprozentig regelkonform zu verhalten, dauert es seine Zeit, bis diese Typen ein Ergebnis liefern. Sie geraten häufig mit anderen Menschen aneinander, die sie für kleinkariert halten und ihnen vorwerfen, die Regeln wichtiger als die Sache zu nehmen. Gut aufgehoben sind sie auf Positionen, in denen absolute Regeltreue wichtig ist, z. B. im Hygiene- und Qualitätsbereich.

Hinweise für Führungskräfte

- Häufig verhalten sich die Bürokraten wenig charmant, wenn sie ihre Prinzipien vertreten. Als Führungskraft sollten Sie darauf hinarbeiten, dass solche Mitarbeiter lernen, gute Beziehungen zu den Menschen aufzubauen, mit denen sie zu tun haben – etwa interne und externe Kunden oder Kolleginnen etc.
- Verdeutlichen Sie den Bürokraten, dass es auch ihre Aufgabe ist, die Anliegen und Probleme anderer wahrzunehmen und zu helfen, gute Lösungen zu finden. Regeltreue allein reicht nicht. Es wäre hilfreich, wenn sie ihre Nähe-Qualitäten verbessern.

- Ermöglichen Sie einem Bürokraten die Erfahrung, dass eine Entwicklung in Richtung Wechsel, also hin zu mehr Flexibilität, nicht gleich ins Chaos führt: Besprechen Sie mit ihm Fälle, in denen Sie eine Ausnahme befürworten, und führen Sie nach dem Abschluss ein Gespräch zur Nachbereitung mit ihm. Auf diese Weise lernt er, dass nicht jede Regel in jedem Fall hundertprozentig angewandt werden muss. Er erfährt in Kooperation mit Ihnen, wann Flexibilität und Spielräume möglich und nötig sind.
- Erarbeiten Sie mit ihm, wo Spielräume sind und wo seine strenge Haltung angemessen ist.
- Oft ist ein unsicherer Mensch besonders streng. Er hat Angst, die Verantwortung zu übernehmen, wenn eine Regel flexibel ausgelegt wird. Ermutigen Sie ihn, Verantwortung zu übernehmen, indem er vorhandene Spielräume nutzt, und sichern Sie ihm zu, dass Sie hinter ihm stehen, auch dann, wenn ein Fehler passieren sollte.

Die Ängstliche: Ob ich das wohl kann?

Ängstliche und selbstzweifelnde Personen haben nicht immer einen sachlichen Grund für ihre Angst, wie etwa den, dass sie etwas wirklich nicht können. Bei vielen ist es eine grundsätzliche Haltung, der Welt mit Selbstzweifeln und Minderwertigkeitsgefühlen zu begegnen. Sie haben Angst, Fehler zu machen, Angst, zu versagen, nicht gut genug zu sein, Angst, bei jemandem anzuecken, Angst, öffentlich zu präsentieren, auch wenn sie fachlich vielleicht deutlich besser als weniger ängstliche Kollegen sind. Auf der Dauer-Wechsel-Achse sind diese Personen eher weiter oben platziert, bei Big Five weisen sie hohe Werte bei Neurotizismus im Bereich »Ängstlichkeit, soziale Befangenheit, Verletzlichkeit« auf und sind eher introvertiert.

Mögliche Problematik im Job

Die Ängstlichen erleben viele für andere normale Situationen als Stress. Diese Dauerbelastung macht sie tatsächlich fehleranfälliger. Ihre Unsicherheit wird auch von anderen wahrgenommen und gegebenenfalls ausgenutzt. Sie verkaufen ihre eigene Arbeit unter Wert und scheuen sich, in Diskussionen ihr Wissen und ihre Ideen einzubringen, was zu einem Qualitätsverlust für die ganze Gruppe führt. Ihre Ängste münden häufig darin, dass sie sich sehr gut vorbereiten und besonders genau arbeiten. Trotzdem hemmen sie ihre persönliche und fachliche Entwicklung, weil sie vor Herausforderungen zurückschrecken und oft unter ihren Möglichkeiten bleiben.

Hinweise für Führungskräfte

- Beruht die Angst auf mangelnder Kompetenz, hilft eine systematische Fortbildung oder Einarbeitung mit engmaschiger, wohlwollender Betreuung. Sind sie sich ihrer Sache sicher, lässt die Angst nach und die Stresssymptome verschwinden.
- Ist eine grundlegende Veranlagung zu Selbstzweifeln und Ängsten die Ursache, ist ein längerer Coaching-Prozess im

Rahmen der Vorgesetzten-Mitarbeiter-Beziehung angesagt. Die Betroffenen sollten deutlich spüren, dass sie von ihren Vorgesetzten als kompetent wahrgenommen und geschätzt werden.

- Muten Sie ihnen Aufgaben zu, die sie bewältigen können, und erhöhen Sie langsam den Schwierigkeitsgrad.
- Stehen Sie als Ansprechpartner für Probleme bereitwillig zur Verfügung. Hüten Sie sich aber davor, diesen Mitarbeitern sofort zu helfen und Entscheidungen für sie zu übernehmen. Kommen sie mit einer Frage zu Ihnen, entgegnen Sie zunächst: »Was schlagen Sie vor?« Oft passt ihr Vorschlag und Sie können einfach sagen: »Ja, wir machen das genau so, wie Sie es vorgeschlagen haben«.
- Bestärken Sie das Selbstbewusstsein der Person durch regelmäßiges Feedback und ermuntern Sie sie, persönlichkeitsstärkende Seminare zu nutzen.
- Suchen Sie in Sitzungen Methoden, bei denen alle zu Wort kommen, auch die Introvertierten, z. B. durch Blitzlicht, Kartenabfrage (dazu mehr im Kapitel »Meetings moderieren«).
- Geben Sie ihnen die Möglichkeit, sich in der Rolle der Überlegenen zu erleben, indem sie andere anleiten und einführen.
- Sorgen Sie für eine Teamatmosphäre, die auf Respekt und Toleranz beruht. In zerstrittenen, intriganten Teams werden solche Mitarbeiter krank und bleiben leistungsmäßig weit unter ihren Möglichkeiten.

Der Pragmatische: Hauptsache, das Ergebnis stimmt

Machertypen planen nicht wochenlang, sondern wollen Ergebnisse sehen. Dafür sind sie auch bereit, mal ein paar Tage hintereinander wirklich Gas zu geben, um eine Sache zu Ende zu bringen. Sie geben nicht auf halber Strecke auf, sondern liefern immer. Auf der Nähe-Distanz-Achse befinden sie sich eher rechts, bei den Big Five haben sie hohe Werte in der Dimension »Gewissenhaftigkeit« im Bereich »Kompetenz, Leistungsstreben, Selbstdisziplin«.

Mögliche Problematik im Job

Der Pragmatismus führt manchmal dazu, dass diese Mitarbeiter wenig Geduld in der Konzeptions- und Planungsphase aufbringen und die möglichen Varianten im Vorfeld nicht prüfen. Sie greifen dann auf konventionelle, wenig originelle Lösungen zurück. Sie verkünsteln sich nicht. Nicht immer ist das pragmatische Vorgehen jedoch das erfolgversprechendste. Beispielsweise sind die Produkte der Firma Apple u. a. deshalb im Vergleich zur Konkurrenz so erfolgreich, weil sie auch ausgesprochene ästhetische Qualitäten und originelle neue Funktionen mit sich brachten und immer wieder bringen. Ein Pragmatiker denkt in der Regel nicht so visionär und käme gar nicht auf die Idee, etwas grundlegend Neues zu entwickeln. Aber Pragmatiker können sehr hilfreich dabei sein, funktionale Umsetzungslösungen für eine neue Idee zu entwickeln.

Hinweise für Führungskräfte

- Es ist für Vorgesetzte immer wunderbar, mindestens eine Pragmatikerin im Team zu haben. Deren Unlust, Vorschläge zu optimieren oder neue Ideen zu entwickeln, können Sie durch kreativere Kräfte im Team ausgleichen.
- Ermuntern Sie sie dazu, die Geduld aufzubringen, sich mit den kreativen Geistern auseinanderzusetzen und Kompromisse zu schließen.
- Manchmal haben Pragmatiker die Neigung, etwas herablassend auf die anderen zu schauen, die ihnen zu viel »spinnen«, zu »umständlich« sind oder zu viel »labern«. Sie sollten darauf hinarbeiten, dass sie genügend Toleranz entwickeln und auch die Stärken der anderen sehen.
- An positivem Feedback für ihre verlässliche Arbeit sollten Sie nicht sparen, auch wenn Pragmatiker vielleicht nicht zeigen, dass sie darauf Wert legen.

Die Kreative: Es gibt für alles viele tolle Lösungen!

Kreative leben auf, wenn es darum geht, neue Wege zu entwickeln. Dabei kann Kreativität in vielen Bereichen zum Tragen kommen: in der technischen Entwicklung, der Konzeption, der visuellen oder sprachlichen Gestaltung, aber auch in strategischen Fragen. Ohne Kreative gäbe es keine Innovation, in keinem Bereich. Dass manche Kreative dabei auch mal ein bisschen »spinnert« wirken, sollte zu verkraften sein. Um Neues zu entwickeln, braucht man immer auch den Mut, Dinge vorzubringen, die andere (noch) nicht verstehen und erst einmal abwehren. Auch wenn nicht jede Idee ein Erfolg wird, so ist das Kreative doch ein Motor für alle Unternehmungen. Auf der Dauer-Wechsel-Achse befinden sich Kreative weiter unten, der Big-Five-Wert »Offenheit für Neues« ist sehr hoch, auch andere Werte können extrem ausfallen, z. B. extrem extravertiert oder extrem wenig ordnungsliebend oder umgekehrt sehr ordnungsliebend.

Mögliche Problematik im Job

Manche Kreative sind so sehr mit ihren Ideen beschäftigt, dass sie die Realität und die Notwendigkeit zur Umsetzung völlig aus den Augen verlieren. Ein netter Pragmatiker an ihrer Seite kann da hilfreich sein. Oft brauchen sie bestimmte atmosphärische Bedingungen, um gut zu arbeiten. Ideen lassen sich nicht auf Kommando produzieren. Gestatten Sie ihnen diese Sonderbehandlung, kommt es oft zu Neid bei den Kollegen.

Hinweise für Führungskräfte

- Kreative sind oft keine genormten Persönlichkeiten. Sie wirken häufig charakterlich einseitig und speziell. Trotzdem sollten Sie als Führungskraft unterstützend darauf hinwirken, dass sie sich im Team angenommen und aufgehoben fühlen.
- Sind die Kreativen Wechsel-Typen mit Tendenz zur Nähe (links unten im Riemann-Thomann-Kreuz), sind sie selbst in der Lage, andere für ihre Ideen zu begeistern und für ihre Vorstellungen zu gewinnen. Sind sie eher auf der Distanzsei-

te oder introvertiertere Typen, werden Vorgesetzte als Unterstützer und – wenn sie sensibel sind – auch als Beschützer gebraucht.

- Damit Kreative in einem Team eine Chance haben, ist ein Klima der Toleranz und Akzeptanz der verschiedenen Persönlichkeiten wesentlich.
- Seien Sie in Bezug auf Toleranz Rollenvorbild für die anderen Teammitglieder. An Ihnen können sie sehen, wie man mit Persönlichkeiten mit bestimmten Eigenheiten umgeht.
- Leiten Sie Teamsitzungen so, dass sich die unterschiedlichen Persönlichkeiten mit ihren Besonderheiten gleichermaßen einbringen können und ernst genommen fühlen.
- Je nachdem, um welche Aufgaben es geht, brauchen Kreative mehr Zugeständnisse und Freiräume, was ihre Arbeitsbedingungen oder die zeitliche Verfügbarkeit angeht. Wenn Sie beispielsweise einen Programmierer dazu verdonnern, jeden Morgen um 8 Uhr im Büro zu erscheinen, er aber vor 12 Uhr keinen klaren Gedanken fassen kann, ist das der Sache nicht dienlich. Hier geht es darum, die Umgebung so zu gestalten, dass Kreative ihre Leistung bringen können.

Die Perfektionistin: Alles muss hundertprozentig sein. Immer!

An sich ist gegen Perfektionismus nichts zu sagen. Doch meist scheitert er an der Realität. In vielen Unternehmen arbeitet man unter Zeitdruck, und es ist schlicht unmöglich, alles perfekt zu machen. Die Realität erfordert Abstriche. Die Perfektionisten befinden sich auf der Dauer-Wechsel-Achse weit oben. In der Big-Five-Dimension »Gewissenhaftigkeit« haben sie hohe Werte und haben manchmal auch erhöhte Neurotizismuswerte im Bereich »Ängstlichkeit, soziale Befangenheit, Verletzlichkeit«.

Mögliche Problematik im Job

Perfektionisten können nicht nachlassen, bis sie 100 % erreicht haben, auch wenn es viel länger dauert und auch wenn 80 % in der Situation eigentlich völlig ausreichend wären. Sie geraten häufiger in Terminschwierigkeiten, machen Überstunden, erschöpfen sich. Bei öffentlichen Auftritten hemmt Perfektionismus, weil er mit erhöhter Anspannung und Versagensangst verbunden ist. Wenn Perfektionisten ständig unter Zeitdruck arbeiten müssen, führt dies über kurz oder lang zu Überforderung, Unzufriedenheit oder gar Krankheit. Ein großes Konfliktpotenzial gibt es mit Kollegen, die den Ansprüchen an Ordnung und Exaktheit nicht genügen.

Hinweise für Führungskräfte

- Arbeiten Sie darauf hin, dass Perfektionisten unterscheiden lernen, wann hundertprozentige Aufgabenerfüllung angesagt ist und wann sie sich mit weniger zufrieden geben müssen. Gerade für Menschen, die in Gefahr sind, durch Überforderung zu erkranken, ist dies ein wichtiger Lernschritt.
- Machen Sie deutlich, wann Ihnen Perfektion und wann Termintreue wichtig ist. Häufig steht beides in Spannung zueinander.

- Oft bringen es Perfektionisten in ihrem Metier tatsächlich weit, weil sie gezielt daran arbeiten, immer noch besser zu werden. Gerade in handwerklichen und künstlerischen Berufen ist dies ein starker Ansporn. Wenn Perfektion in einem Job also wirklich gefragt ist, sollten Sie den Betreffenden auch die dafür nötigen zeitlichen und materiellen Ressourcen zur Verfügung stellen, damit sie nicht in eine Überforderungssituation geraten.
- Bei der Zusammenarbeit mit weniger gewissenhaften Teammitgliedern kann es schnell zu Zerwürfnissen kommen. Hier sind Sie als Führungskraft gefragt, die Arbeit im Team so zu verteilen, dass nicht gerade die Menschen eng zusammenarbeiten müssen, die kaum Gemeinsamkeit und Verständnis füreinander haben. In vielen Fällen sind die gegensätzlichen Partner überfordert und reiben sich in zermürbenden Konflikten auf. In Ausnahmen kann die Zusammenarbeit gelingen, nämlich wenn gegenseitige Sympathie und Respekt vor den Stärken des jeweils anderen vorhanden sind.

Der Einzelkämpfer: Wenn ich's nicht mache, geht's in die Hose

Sie scheuen keine Arbeit und keine Verantwortung: Einzelkämpfer haben eine klare Vorstellung davon, was wie sein soll. Sie misstrauen anderen und es fällt ihnen schwer, Aufgaben zu delegieren. Auf der Nähe-Distanz-Achse stehen sie weit rechts, in der Big-Five-Dimension »Gewissenhaftigkeit« haben sie hohe Werte, bei »Verträglichkeit« geringere Werte.

Mögliche Problematik im Job

Natürlich ist es toll, so eine leistungsbereite Mitarbeiterin im Team zu haben. Es hat jedoch auch negative Effekte, wenn sie alles selber macht und andere ausschließt: Sie spricht sich nicht ausreichend mit anderen ab und wirkt überheblich. Sie nimmt anderen Entwicklungsmöglichkeiten, weil sie nicht delegiert. Auf Dauer überfordert sie sich selbst, weil sie zu viel am Hals hat und wichtige und unwichtige Aufgaben nicht genügend unterscheidet. Diese Problematik findet man häufig bei Vorgesetzten, die nicht delegieren können und sich zu sehr ins operative Geschäft einmischen.

Hinweise für Führungskräfte

- Der Einzelkämpfer muss lernen, nicht nur sich selbst, sondern auch anderen zu vertrauen. Unterstützen Sie ihn darin, Geduld aufzubringen, wenn die anderen es am Anfang nicht so gut machen, wie er es erwartet. Er kann lernen, andere so anzuleiten, dass sie sich entwickeln und besser werden – auch, wenn es mühsam ist.
- Alles selber zu machen, ist auf Dauer keine Alternative. Es gibt kaum noch so abgegrenzte Aufgaben, dass man immer alles alleine machen kann. Das Einüben von Kooperation und Toleranz ist also eine wichtige Aufgabe.
- Die Abwertung der anderen (»Nur ich bin wirklich gut!«) kann auch ein Mittel sein, den eigenen Selbstwert zu erhöhen. Geben Sie einem Einzelkämpfer gerade dann Anerkennung, wenn es ihm gelingt, andere zu unterstützen und deren Performance zu verbessern.

- Machen Sie deutlich, wie wichtig Ihnen eine gute Mannschaftsleistung ist und was die Einzelkämpfer dazu beitragen können.
- Trotzdem sollten Sie auch ihre Leistungs- und Verantwortungsbereitschaft durch entsprechendes Feedback anerkennen. Es geht um die richtige Balance zwischen dem Individuum und der Gruppe.

Die Warmherzige: Ich helfe gern!

Jedes Team lebt auf, wenn es eine Anlaufstelle gibt, bei der man zuverlässig Anteilnahme, Sympathie und Wärme erfährt. Selbst wenn sie fachlich nicht top sind, nehmen die Warmherzigen eine wichtige Rolle im Teamgefüge ein. Man erkennt sie sofort an ihrem Interesse an anderen, ihrer Empathie, ihrer Hilfsbereitschaft und Freundlichkeit. Auf der Nähe-Distanz-Achse sind sie weit links, in der Big-Five-Dimension »Verträglichkeit« haben sie hohe Werte.

Mögliche Problematik im Job

Harmonie und ein gutes Miteinander sind den Warmherzigen wichtig. Es kann sein, dass sie dafür andere Dinge vernachlässigen. Es fällt ihnen schwer, sich abzugrenzen, Nein zu sagen, nötige Konflikte auch auszufechten. Sie geraten oft bei ihrer fachlichen Arbeit ins Hintertreffen, weil sie viel Zeit mit den Sorgen und Problemen anderer verbringen und viel Energie in das Miteinander investieren.

Hinweise für Führungskräfte

- Überlegen Sie, wie wichtig Ihnen die soziale Funktion ist, die diese Person im Team ausfüllt. Ist es akzeptabel, dass sie gegebenenfalls in fachlichen Dingen nicht die volle Leistung liefert, weil sie viel Energie in andere Bereiche investiert? Auf jeden Fall sollten Sie die soziale Leistung, die sie im Team erbringt, sehen und sie nicht nur auf eventuelle fachliche Defizite reduzieren.
- Klare Absprachen, was Sie erwarten und wo Sie eine Grenzziehung wünschen, sind nötig.
- Es kann sein, dass die Warmherzigen mühsam lernen müssen, Kollegen auch einmal abzuweisen, Nein zu sagen. Sie sollten sie dabei unterstützen und ihnen den Rücken stärken bzw. Vereinbarungen mit ihnen treffen, z. B. dass sie sich bei Ihnen rückversichern müssen, wenn sie einen eigenen Aufgabenbereich zugunsten eines anderen zurückstellen.
- Auch Seminare zum Neinsagen, zum kontroversen Diskutieren und zur Konfliktlösung können helfen, das Entwicklungspotenzial dieser Mitarbeitertypen in Richtung Distanz zu nutzen. Es geht nicht darum, dass sie ihre Warmherzigkeit ablegen, sondern dass sie bewusst entscheiden, wann sie helfen und wann ihre eigene Arbeit Priorität hat, sie also nicht helfen sollten.
- Wenn Sie Informationen zu einzelnen Mitarbeitern brauchen, werden die Warmherzigen oft die richtigen Ansprechpartner sein. Sie wissen zumeist, was mit wem los ist und warum etwas so und nicht anders ist.

Der Gemütliche: Nur kein Stress!

In einem Bewerbungsgespräch, an dem ich als Interviewerin teilnahm, thematisierte ich die schlechte Bewertung eines Bewerbers in seinem Wehrdienst. Daraufhin sagte er: »Ich hab' mich nicht heiß gemacht«, und lachte. Dieses Prinzip zog sich durch alle Zeugnisse. Das ist kein Einzelfall: Es gibt einen bestimmten Prozentsatz an Menschen, die es sich zum Lebensprinzip gemacht haben, überall mit gemäßigtem Einsatz durchzukommen. Oft ist ihre Zufriedenheit und seelische Ausgeglichenheit dabei recht gut. Sie haben in der Big-Five-Dimension »Gewissenhaftigkeit« niedrige Werte in den Bereichen »Pflichtbewusstsein, Leistungsstreben, Selbstdisziplin«.

Mögliche Problematik im Job

Erscheint der Gemütliche regelmäßig und erfüllt er sein Soll, ist er vielleicht durch seine kontinuierliche, überschaubare Leistung und sein oft ausgeglichenes Gemüt trotzdem gut integrierbar. Sie und Ihr Team können dann vielleicht sein Verhalten tolerieren. Er wird keine Karriere machen und das Unternehmen nicht wesentlich voranbringen, doch kann auch nicht jeder Mitarbeiter ein High Performer sein. In jedem Bereich gibt es Leute, die nicht spitze sind, aber trotzdem mit ihrer Art zu arbeiten, einen Nutzen erbringen. Ruhen sie sich auf der Arbeit anderer aus, fehlen sie obendrein häufig oder arbeiten sie zudem sehr fehlerhaft, dann wird die Toleranz des Teams und der Vorgesetzten überstrapaziert.

Hinweise für Führungskräfte

- Schauen Sie genau hin, ob die Balance zwischen Geben und Nehmen stimmt. Ist die Person nur etwas bequem, die Arbeit ansonsten aber okay, kann dieses Verhalten für Sie tolerierbar sein und die kontinuierliche Form der Arbeit dem Team trotzdem nutzen. Vermutlich sind die Gemütlichen nicht sehr anspruchsvoll und geben sich auch mit Aufgaben zufrieden, die nicht so spannend sind, weil sie ohnehin nicht den Anspruch haben, sich in ihrer Arbeit zu verwirklichen.
- Kommt zu dem mangelhaften Engagement jedoch noch eine hohe Fehl- und Fehlerquote hinzu, sollten Sie die Person nicht zuletzt zum Schutz der anderen enger führen und klares Feedback geben, was in Ordnung ist und was nicht.
- In Mitarbeitergesprächen sollten Sie klare Vereinbarungen treffen und dies dokumentieren. Bei jedem Gespräch wird ein Folgetermin ausgemacht, damit Ihr Gegenüber spürt, dass es Ihnen ernst ist.
- Sehen Sie keine Wirkung dieser Gespräche, lassen Sie sich die Vereinbarungen in Zukunft von der betroffenen Person unterzeichnen.
- Bei Regelverstößen sollten Sie sich nicht scheuen, das Instrument der Abmahnung zu nutzen. Bequeme Personen nutzen die Gutmütigkeit oder Hilflosigkeit ihrer Vorgesetzten gerne aus. Manche brauchen Abmahnungen, um zu erkennen, dass sie mit ihrem nachlässigen Verhalten tatsächlich ihren Job gefährden.

- Sollte das mangelnde Engagement jedoch auf Langeweile, Unzufriedenheit mit der Aufgabe oder Frustration durch Vorfälle im Unternehmen beruhen, sind Abmahnungen nicht das richtige Instrument. Dann prüfen Sie eher, wie Sie die Person besser motivieren.

Sie sollten grundsätzlich versuchen, in Mitarbeitergesprächen herauszufinden, warum sich jemand auf eine bestimmte Weise verhält, damit die von Ihnen ergriffenen Maßnahmen auch passen (mehr dazu im Kapitel »Gesprächsführung«).

Der Star: Keiner ist so gut wie ich!

Auch Einzelkämpfer, Pragmatiker oder Kreative können sich anderen überlegen fühlen. Der Star braucht jedoch zusätzlich zu dem Gefühl, besonders zu sein, noch Publikum. Es geht ihm nicht unbedingt darum, wirklich einen tollen Job zu machen, sondern als toll angesehen und bewundert zu werden. Das Thema ist nicht so wichtig wie die Möglichkeit, damit zu brillieren (siehe Kap. »Schwierige Typen«). Bei den Big Five haben die Stars wegen stark ausgeprägter Konkurrenzgedanken eher geringe Werte in der Dimension »Verträglichkeit«, hohe Werte hingegen in der Dimension »Gewissenhaftigkeit« im Bereich »Leistungsstreben« und eventuell hohe Neurotizismus-Werte im Bereich »Reizbarkeit und Verletzlichkeit«.

Mögliche Problematik im Job

Manche schaffen es, die Rolle des Stars ganz verträglich auszufüllen. Sie wirken überzeugend und kommen gerade bei

Auftritten im Außenkontakt ganz gut an. Ist die Show jedoch wichtiger als der Inhalt und werden die anderen nur noch zu Zuschauern degradiert, wird die narzisstische Ader für das Team problematisch.

Hinweise für Führungskräfte

- Geben Sie dem Star Feedback, was Sie gut finden und was Sie als problematisch ansehen. Formulieren Sie konkret, was Sie nicht möchten, z.B. sich auf Kosten anderer zu profilieren und andere abzuwerten.
- Wenn die betroffene Person bei Kunden und anderen externen Terminen gut ankommt, können Sie diese Stärke auch nutzen, um sie gezielt für repräsentative Zwecke einzusetzen.
- Die Aussicht auf Erfolg und Anerkennung ist für Stars sehr motivierend. Geben Sie ihnen Aufgaben, bei denen sie sichtbare Erfolge erzielen können.
- Ähnlich wie gegenüber den Einzelkämpfern, sollten Sie deutlich machen, dass Sie eine Balance zwischen dem Individuum und der Gruppe möchten, dass die Stars also bei ihren Handlungen auch das Wohlergehen der anderen im Blick haben sollen.
- Da der ausgeprägte Wunsch nach Bewunderung oft mit einem frühen Mangel an Aufmerksamkeit zu tun hat, sollten Sie den betroffenen Personen ausreichend Aufmerksamkeit widmen. Allerdings müssen Sie der Gefahr widerstehen, ihnen mehr Raum und Aufmerksamkeit als den introvertierten oder bescheidenen Personen im Team zu geben.

Der Spezialist: Alles Knifflige interessiert mich!

Spezialisten wollen anspruchsvolle Aufgaben, die eine wirkliche Herausforderung darstellen. Mit Routine frustrieren Sie solche Menschen. Es mag sein, dass sie nicht sonderlich kommunikativ sind und/oder auch sonst aus dem Rahmen fallen, z.B. dadurch, dass ihre Kleidung nachlässig ist. Ihr Interesse ist sehr auf die Sache fokussiert. Sie lassen nicht locker, bis sie ein Problem gelöst haben. Auf der Nähe-Distanz-Achse befinden sie sich weit rechts, die Big-Five-Dimension »Gewissenhaftigkeit« weist hohe Werte im Bereich »Kompetenz« auf und die Dimension »Offenheit für Neues« hohe Werte im Bereich »Intellektualität und Kreativität«.

Mögliche Problematik im Job

Für die heiklen, auf den ersten Blick unlösbaren Aufgaben sind die Spezialisten die Richtigen. Mit ihrem Spezialwissen und ihrer Problemlösungskompetenz sind sie jedoch auch für andere Unternehmen der Branche sehr attraktiv. Sind sie nicht zufrieden mit den Konditionen im Unternehmen, ihren Aufgaben, ihren Vorgesetzten oder dem Team, sind sie jederzeit bereit zu wechseln. Ihr Interesse an reizvollen Aufgaben ist zumeist höher als ihre Bindung an das Unternehmen oder die Menschen, mit denen sie arbeiten. Mitunter ist es wegen ihrer konturierten Persönlichkeit schwierig, sie ins Team zu integrieren. Zumeist respektieren die anderen aber ihre außergewöhnlichen Fähigkeiten und sind entsprechend tolerant ihnen gegenüber, auch wenn sie sich ›komisch‹ verhalten sollten.

Hinweise für Führungskräfte

- Es kann sein, dass die Spezialisten nicht offen über das sprechen, was sie bewegt. Sie erwarten zumeist, dass die anderen wissen, was für sie akzeptabel ist und was nicht. Wollen Sie einen Spezialisten längerfristig binden, sollten Sie in einem guten Kontakt zu ihm bleiben und regelmäßig nachhaken, ob alles okay ist.
- Es empfiehlt sich, ihre Wünsche zu respektieren und ihnen die Möglichkeiten zu geben, die sie brauchen, um gute Leistung zu bringen. Wie bei Kreativen nutzt es nichts, alle über einen Kamm zu scheren. Menschen sind verschieden und nicht alle Regeln passen für alle.
- Wollen Sie außergewöhnliche Leute halten, müssen Sie Ihnen unter Umständen auch außergewöhnliche Zugeständnisse machen. »Wissensarbeiter«, wie man Fachleute mit besonderer Fachkompetenz auch nennt, sollte man führen, als wären sie Selbstständige, was sie letztlich auch sind. Sie können jederzeit ihr Kapital – nämlich ihr geistiges Vermögen – nehmen und damit zu einem anderen Anbieter gehen.

Die Abenteurerin: Neues? Risiko? Ich bin dabei!

Sie meldet sich als Erste, wenn eine Aufgabe Spannung verspricht. Sie hat keine Angst vor Unbekanntem oder Niederlagen. Der Reiz des Neuen und die Möglichkeit zu gestalten sind stärker als eventuelle Unbequemlichkeiten oder Risiken. Auf der Dauer-Wechsel-Achse steht die Abenteurerin weit unten, in der Big-Five-Dimension »Offenheit für Neues« hat sie hohe Werte.

Mögliche Problematik im Job

Es ist schön, Leute im Team zu haben, die sich optimistisch und mit Elan auf Neues einlassen und vor Pionierarbeit nicht zurückscheuen. Schwierig wird es, wenn Routine einsetzt und Sie keine verheißungsvollen Aufgaben für die abenteuerorientierten Personen im Team haben. Ideal sind zeitlich befristete Projektaufgaben, nach deren Abschluss neue Projekte mit neuen Herausforderungen warten. Abenteurer lassen gerne auch mal fünfe gerade sein, wenn es ihnen hilft, voranzukommen. Wenn Sie als Vorgesetzte sehr viel Genauigkeit und Regelkonformität erwarten, können Sie sie nerven und auch überfordern.

Hinweise für Führungskräfte

Ich habe einmal in einem Gespräch erlebt, dass eine Mitarbeiterin in Tränen ausbrach, als sie erfuhr, dass ihr nächstes Projekt wieder mit erneuerbaren Energien zu tun habe. Sie war Spezialistin für dieses Thema, sie war erfolgreich. Doch nach mehreren gut abgeschlossenen Projekten lag für sie nichts Reizvolles mehr in dieser Arbeit. Sie wollte neue Themen, neue Herausforderungen. Bei der Aussicht, etwas durch und durch Bekanntes abzuwickeln, kamen ihr spontan die Tränen.

So gehen Sie mit diesem Typ um:

- Wenn Sie einen Abenteurer länger binden wollen, sollten Sie mit ihm – wie mit den Spezialisten – regelmäßig im Gespräch sein, um mitzubekommen, wie er seine Arbeitssituation einschätzt und was er braucht, um motiviert zu sein. Er hat kein Problem mit einem Arbeitgeberwechsel, wenn er sich nicht mehr genügend herausgefordert fühlt.

- Wollen Sie solche Leute binden, sollten Sie aktiv dafür sorgen, dass sie passende Aufgaben erhalten.
- Bei Routinearbeiten und um die nötige Sorgfalt zu gewährleisten, brauchen Abenteurer jemanden an ihrer Seite, der für Struktur und Ordnung sorgt und gut mit ihrer sprunghaften, begeisternden und vielleicht manchmal auch chaotischen Art umgehen kann.
- Wenn Sie ihnen langweilige Routinearbeiten geben, kann es sein, dass sie diese nachlässig ausführen und den Eindruck erwecken, sie seien faul oder unfähig. Manche Minderleister im Unternehmen sind in Wahrheit nicht faul oder zu wenig kompetent, sondern bekommen einfach die falschen, eben nicht typgerechten Aufgaben.

So führen Sie richtig: variabel fordern und unterstützen

Wenn Sie sich von dem Gedanken gelöst haben, dass es weder sinnvoll noch möglich ist, als Führungskraft alle gleich zu behandeln, stellt sich immer noch die Frage, wie typgerechte Führung konkret aussieht. Hier die wichtigsten Merkmale.

So führen Sie typgerecht
▪ Sie sehen das Typische im Individuellen und gehen mit unterschiedlichen Typen passend um.
▪ Sie können Ihren Kommunikationsstil variieren, je nachdem, mit welchem Typ Sie zu tun haben.
▪ Sie überprüfen Ihre Wahrnehmungen und Einschätzungen im Dialog.

So führen Sie typgerecht

- Sie betrachten Ihre Mitarbeiter und Mitarbeiterinnen ganzheitlich, sehen Licht und Schatten.
- Sie erkennen die Ressource in »negativem« Verhalten und nutzen diese.
- Sie sehen und eröffnen persönliche Entwicklungsfelder.
- Sie passen Anforderungen, Aufgaben und die Art der Betreuung individuell an.
- Sie können eine ganzheitliche Perspektive einnehmen und sehen, wie Persönlichkeitstypen auf unterschiedliche Umfelder reagieren (siehe Kapitel »Ganzheitlich betrachten: Wo Licht ist, ist auch Schatten«).
- Sie sorgen für ein Klima der Toleranz und Kooperation und sind selbst Rollenvorbild, indem Sie verschiedene Persönlichkeiten und ihre Besonderheiten akzeptieren.

Das Typische im Individuellen sehen

Es hilft Ihnen, wenn Sie Ihre Mitarbeiter zunächst grob typisieren, z.B. mit dem Riemann-Thomann-Kreuz oder den Big-Five-Dimensionen Extraversion, Offenheit für Neues, Verträglichkeit, Gewissenhaftigkeit und Neurotizismus. So erkennen Sie die charakteristischen Züge an einer Person schneller und leichter und können alle typgerecht behandeln. Wenn Sie in Ihrer Gruppe beispielsweise viele Nähe-Typen haben, wird sich jeder vom anderen unterscheiden – schließlich handelt es sich um Individuen mit unterschiedlichen Anlagen und Biografien. Natürlich ist es wichtig, diese individuellen Merkmale und Wünsche auch wahrzunehmen. Für Ihre Zuwendung zum anderen reicht aber zunächst eine Grobkategorisierung, gerade auch dann, wenn Sie viele Menschen zu führen haben. In diesem Fall haben Sie oft gar nicht die Chance, jede Person in ihrer gesamten Persönlichkeit voll zu erfassen. Sie sind dann auf solch grobe Typisierungsanker angewiesen.

Mitarbeiter, die Sie sehr gut und längere Zeit kennen, können Sie spezifischer einschätzen. Sie wissen dann, ob eine die Arbeit betreffende Seite ihrer Persönlichkeit besonders ausgeprägt ist, so dass man sie als Abenteurer, Pragmatikerin, Warmherzigen etc. skizzieren und gezielt auf die damit verbundenen Bedürfnisse und Herausforderungen eingehen kann.

Den Kommunikationsstil variieren

Wesentlich für typgerechtes Führen ist, dass eine Führungskraft in ihrem Verhaltensspektrum so viel Freiraum hat, dass sie sich auf die Besonderheiten anderer Typen einstellen kann. Je zentrierter Sie selbst als Persönlichkeit im Riemann-Thomann-Kreuz platziert sind, desto leichter wird es Ihnen fallen, Menschen, die weiter links, rechts, oben oder unten sind, auf eine Weise zu begegnen, mit der sie sich verstanden fühlen und gut zurechtkommen. Sind Sie selbst in der einen oder anderen Richtung weiter am Rand platziert, z. B. auf der Nähe-Distanz-Achse weiter rechts oder auf der Dauer-Wechsel-Achse weit unten, dann können Sie sich zwar auch auf andere und ihre Besonderheiten einstellen. Es wird Ihnen jedoch etwas schwerer fallen und mehr Mühe kosten. Sie müssen dann wichtige Gespräche besser vorbereiten und im Gesprächsverlauf vermehrt Energie aufbringen, um dem Gegenüber, das vielleicht in Ihrem Schattenbereich platziert ist, gerecht zu werden (mehr dazu im Kapitel »Gesprächsführung mit unterschiedlichen Typen«).

Die Wahrnehmung überprüfen

Wenn Sie Ihre Mitarbeiterinnen und sich selbst keinem Persönlichkeitstest unterworfen haben, sondern auf Basis Ihrer Einschätzung arbeiten, ist es besonders wichtig, dass Sie Ihre Wahrnehmung überprüfen. Jemand wirkt auf Sie ängstlich, feindselig oder risikofreudig. Dies ist zunächst einmal Ihre Wahrnehmung, z.B. dass Frau Schmidt in letzter Zeit so ruhig ist. Manchmal haben Sie auch eine Hypothese, z.B. dass das vielleicht damit zu tun hat, dass sie sich zurückgesetzt fühlt, weil ihre quirlige Kollegin Projektverantwortliche geworden ist und nicht sie.

> Gewöhnen Sie sich an, Ihre Wahrnehmungen, Eindrücke und Hypothesen im Gespräch zu überprüfen. Stimmt Ihre Einschätzung? Ist es anders? Wie? Seien Sie offen und aufmerksam und korrigieren Sie eventuell Ihren Eindruck und Ihre Hypothese.

Gewöhnen Sie sich an, regelmäßig mit Ihren Mitarbeitern zu sprechen, um ein Gefühl dafür zu bekommen, wie es gerade um sie steht. Das müssen nicht unbedingt immer offizielle Mitarbeitergespräche sein. Auch ein kleines Schwätzchen in der Kaffeeküche, am Kopierer oder bei einer Dienstfahrt hilft Ihnen. Achten Sie dabei nicht nur auf das, was eine Person sagt, sondern auch darauf, *wie* sie es sagt. So bekommen Sie Hinweise darauf, was wirklich los ist. Gerade bei einem Menschen, der nicht von sich aus über Unzufriedenheit, Probleme und Wünsche redet, oder bei jemandem, der ängstlich oder introvertiert ist oder sehr spontan handelt, ist dieses regelmäßige ‚Pulsfühlen' wichtig. So können Sie problematische Entwicklungen frühzeitig erkennen und rechtzeitig handeln.

Ganzheitlich betrachten: Wo Licht ist, ist auch Schatten

Wir leben in einer kritischen Bewertungskultur und neigen dazu, vor allem die Schwächen einer Person zu sehen. Das ist etwas einseitig und hilft einer Führungskraft oft nicht dabei, ein Team mit sehr unterschiedlichen Persönlichkeiten zu leiten. Wie im wirklichen Leben gilt auch hier: Wo Licht ist, ist auch Schatten. Im Kapitel zuvor wurde deutlich, dass besondere Stärken einer Person oft verbunden sind mit Schwächen oder mit Aufgaben, die sie ablehnt. Allerdings kann ein auf den ersten Blick negatives Verhalten durchaus auch positive Seiten haben, wenn man es ganzheitlich betrachtet.

BEISPIEL:

In einem Gruppen-Coaching brachte ein Fachbereichsleiter einen Fall ein: Er habe ein Support-Team, in dem einige sehr leistungsfähig und fleißig seien und andere sehr gemach arbeiteten und vor allem die einfachen Fälle aus dem Aufgaben-Pool greifen würden, nichts Anspruchsvolles. Er habe das Gefühl, das sei nicht gerecht, und meinte, er müsse da etwas ändern. Nachdem wir die Arbeit seines Teams analysiert haben, stellte sich heraus: Die »Faulen« arbeiten zwar gemütlich, aber kontinuierlich und verlässlich einen Sockel der täglichen Arbeit ab. Sie fehlen so gut wie nie, sind meist gut drauf, kein Burnout, keine Unzufriedenheit. Sie sind lange im Unternehmen mit dem entsprechenden Hintergrundwissen und zeigen keinerlei

Wechseltendenzen. Ohne sie liefe der Laden definitiv nicht. Die Leistungsträger im Team hingegen sind froh, dass sie die anspruchsvollen Aufgaben aus dem Pool bekommen und nicht den Routinekram machen müssen. Sie fühlen sich nicht benachteiligt. Allein der Chef hat das Gefühl, es stimme etwas nicht. Das Team läuft, alle – auch die Kunden – sind zufrieden. Fazit: Jeder arbeitet in diesem Team so, wie es ihm gemäß ist, und jeder trägt seinen Teil zum Gesamtergebnis bei.

»Faul« oder »bequem« klingt erst einmal negativ. In diesem Team wurden jedoch auch die positiven Seiten der »Faulen« deutlich. Die Leistungsstarken und die »Faulen« ergänzen sich hervorragend. Die Arbeit gerechter zu verteilen, hieße, dass auch die Leistungsstarken Routinefälle übernehmen müssten. Dies ist aber gar nicht in ihrem Interesse. Gerecht ist nicht, dass alle das Gleiche machen oder bekommen. Dann würde gerechtes Blumengießen bedeuten, dass der Kaktus pro Tag einen halben Liter Wasser bekommt, genauso wie die Geranie und der Papyrus. Mindestens zwei der drei Pflanzen gingen an dieser Art von Gerechtigkeit zugrunde. Typgerechte Führung ist ähnlich wie typgerechte Pflanzenpflege. Ich sorge dafür, dass jede Pflanze so viel Licht, Wasser und Nährstoffe bekommt, wie sie benötigt, um optimal zu gedeihen. Eine Schattenpflanze ist dann nicht weniger wert als eine, die in der prallen Sonne stehen kann und steht, sondern sie ist nur anders, aber auf ihre Art und Weise auch nützlich.

BEISPIEL:

Menschen, die sehr ordentlich und strukturiert sind, haben häufiger Probleme mit Flexibilität und sind meist weniger kreativ und innovativ. Menschen, die sich gut in andere einfühlen können, haben oft Probleme, sich klar abzugrenzen und für ihre Meinung hartnäckiger zu kämpfen. Sehr selbstbewusste Personen lassen es häufiger an Sorgfalt fehlen, weil sie sich ihrer Sache zu sicher sind und Vorbereitung für nicht notwendig erachten. Ein berühmtes Beispiel: Beethoven war ein Meister der Komposition. Seine Wohnung muss allerdings so verdreckt und stinkend gewesen sein, dass keiner außer ihm es dort aushielt. Das kreative Genie hatte keine Zeit für Ordnung.

Übung: Licht und Schatten erkennen

Denken Sie an eine Mitarbeiterin oder einen Mitarbeiter, die oder der Ihnen negativ auffällt. Was missfällt Ihnen?

Welche positiven Eigenschaften hat diese Person? Welchen positiven Einfluss hat sie im Team oder auf das gesamte Projekt, die Abteilung oder das Unternehmen?

Welchen Zusammenhang sehen Sie zwischen beidem?

Die ressourcenorientierte Perspektive

In einer auf den ersten Blick negativen Eigenschaft kann man auch positive Aspekte finden. Diese Sicht auf ein Verhalten nennt man ressourcenorientierte Perspektive. Wenn Sie sich von einer einseitig negativen Sicht lösen, wird es Ihnen leichter fallen, eine Entwicklung in Gang zu bringen, bei der Sie die mit dem Verhalten verbundenen Ressourcen nutzen und negative Ausschläge eindämmen können. Im Folgenden finden Sie zwei Beispiele für negative Eigenschaften und damit möglicherweise verbundene positive Ressourcen.

BEISPIEL:

Ein »fauler« Mensch geht die Sache ruhig an, kann sich gut vor Stress und Burnout schützen und ist wenig krank, bleibt auch in stressigen Situationen gelassen, beschränkt sich aufs Wesentliche, erkennt das aber auch.

Ein »frecher« Mensch traut sich was, ist unorthodox, lässt sich nicht einschüchtern, ist nicht ängstlich, sagt frei heraus, was er denkt, ist kein langweiliger Typ, nicht auf den Mund gefallen, kein Konformist, ist originell, hat den Schalk im Nacken, provoziert gern.

Übung: Ressourcenorientierte Perspektive

Jetzt sind Sie dran. Versuchen Sie zu benennen, welche positiven Ressourcen mit den folgenden, zunächst negativ erscheinenden Verhaltensweisen verbunden sind.

1. Frau Schmidt ist unflexibel.
2. Herr Keil ist arrogant.
3. Frau Keller ist ängstlich.
4. Herr Schäfer ist überkritisch.

Mögliche Lösungen:

1. Frau Schmidt arbeitet regelkonform und verlässlich. Alles, was sich planen lässt, macht sie gut. Sie hält sich an Anweisungen. Sie schätzt Ordnung und sorgt auch selbst für Ordnung. Man kann sich darauf verlassen, dass sie die Dinge macht, wie man ihr aufgetragen hat.
2. Herr Keil ist von sich und seiner Arbeit überzeugt. Er verkauft sich nicht unter Wert. Er schätzt eine gewisse Distanz zu seinen Mitmenschen. Er kann sich abgrenzen. Er kann Unsicherheit überspielen.
3. Frau Keller möchte sich immer gerne sehr sicher fühlen. Sie geht keine Risiken ein. Sie bereitet sich gut vor und arbeitet genau, weil sie nicht negativ auffallen möchte. Sie überschätzt ihre Fähigkeiten nicht. Ihre scheue Art kann bei anderen Menschen spontan Wohlwollen und fürsorgliche Gefühle auslösen.
4. Herrn Schäfer kann man nicht übers Ohr hauen. Er erkennt schnell mögliche Schwachpunkte und Mängel. Er lässt sich nicht von anderen einlullen. Er zwingt andere, ihre Ideen zu prüfen.

Entwicklungsfelder eröffnen

Der Blick auf Licht und Schatten sowie auf die Ressourcen, die in einem zunächst negativ erscheinenden Verhalten stecken, eröffnet den Blick für Entwicklungsfelder. Der Kommunikationspsychologe Friedemann Schulz von Thun hat dafür die Darstellung des Wertequadrats entwickelt. Sein Ansatz: Jede positive Eigenschaft liegt auf einer Spannungslinie mit einer negativen Eigenschaft – und anders herum. Jede Eigenschaft kann durch Übertreibung ins Negative kippen. Jedes negative Verhalten hat eine positive Ressource, die man nutzen kann.

BEISPIEL:

Ein junger Mitarbeiter, studiert, engagiert, selbstbewusst (nach den Big Five mit hoher Leistungsbereitschaft, Offenheit für Neues und Extraversion), hat sich gut in die neue Abteilung eingearbeitet. Er ist fachlich exzellent und weiß das auch. Schon nach kurzer Zeit trifft er Entscheidungen eigenmächtig, die nur die Abteilungsleitung treffen darf und die er folglich mit seiner Chefin absprechen müsste. Bisher ist das gut gegangen. Sollte es jedoch zu Fehlentscheidungen kommen, würden hohe Kosten und Haftungsprobleme für die Firma entstehen.

Als Vorgesetzte müssen Sie den jungen Mann in einem Feedbackgespräch dazu bringen, sich an die im Unternehmen üblichen Regeln zu halten, ohne ihn durch allzu harsche Kritik zu demotivieren.

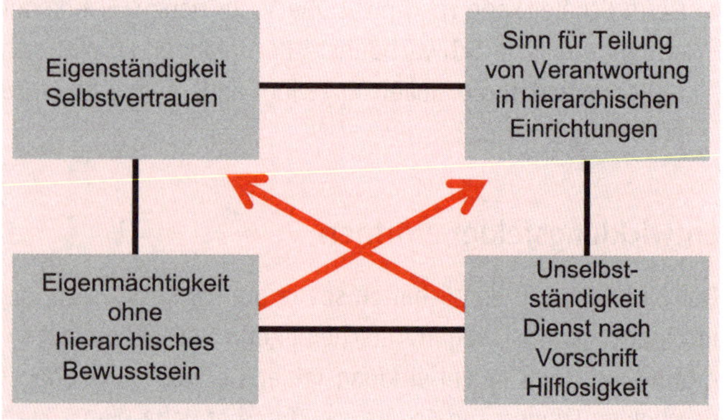

Wertequadrat nach Schulz von Thun

Im Kasten oben links steht die positive Ressource im Verhalten des jungen Mitarbeiters, nämlich sein eigenständiges und selbstbewusstes Handeln. Er übertreibt es aber und entscheidet zu eigenmächtig. Die Übertreibung ist im direkt darunter stehenden Kasten abgebildet (unten links). Die Eigenständigkeit steht in Spannung mit dem nötigen Sinn für Verantwortungsteilung und hierarchische Aufgabenteilung, der für die Arbeit in größeren Einrichtungen unerlässlich ist (Kasten oben rechts). Die negative Ausprägung dessen wäre Überanpassung, Duckmäusertum, Unselbstständigkeit oder Dienst nach Vorschrift (Kasten unten rechts). Die Entwicklungsrichtung wäre also vom Kasten unten links hin zum oberen rechten Kasten.

Der junge Mann müsste sich nicht grundsätzlich ändern, sondern sein Augenmerk auf einen Wert richten, den er bisher nicht berücksichtigt hatte, nämlich den Sinn für Verantwortungs- und Arbeitsteilung in Institutionen. Als Vorgesetzte können Sie also seine Eigenständigkeit, sein Selbstvertrauen und sein Engagement wertschätzen und gleichzeitig ein Entwicklungsfeld eröffnen. Dabei machen Sie deutlich, dass sie keine Übertreibung im Sinne von Unterwürfigkeit oder Unselbstständigkeit anstreben (im Wertequadrat unten rechts), sondern ein ausgewogenes Verhältnis der beiden oberen Werte.

Übung: Wertequadrat

Vervollständigen Sie das Wertequadrat für folgenden Fall: Frau Schmidt meldet sich in Teamsitzungen vorwiegend dann zu Wort, wenn es darum geht, Bedenken anzumelden oder die

Vorschläge anderer zu kritisieren. Sie selbst macht keine Lösungsvorschläge. Sie wollen das in einem Feedbackgespräch thematisieren, die Ressource ihres kritischen Verhaltens nutzen und die Übertreibung durch die Eröffnung eines neuen Entwicklungsfeldes ausgleichen.

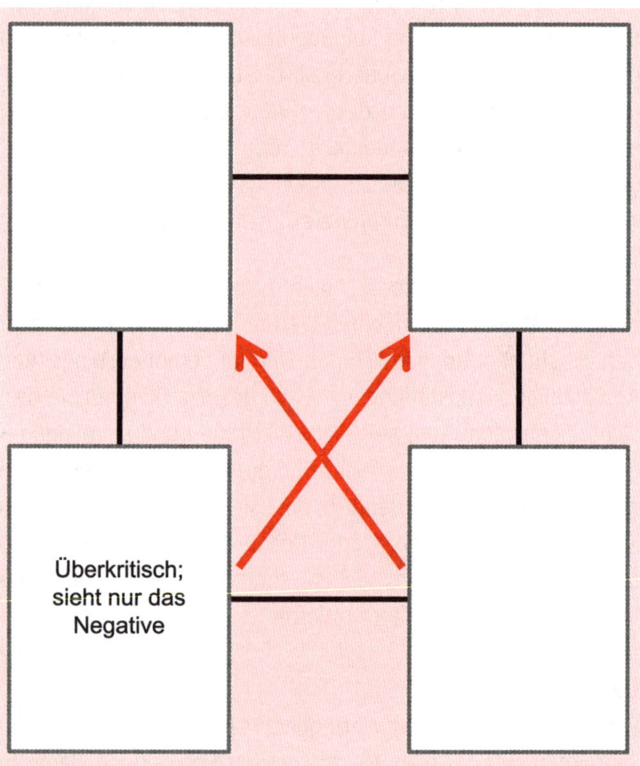

Wertequadrat zum Ausfüllen

Mögliche Lösung:

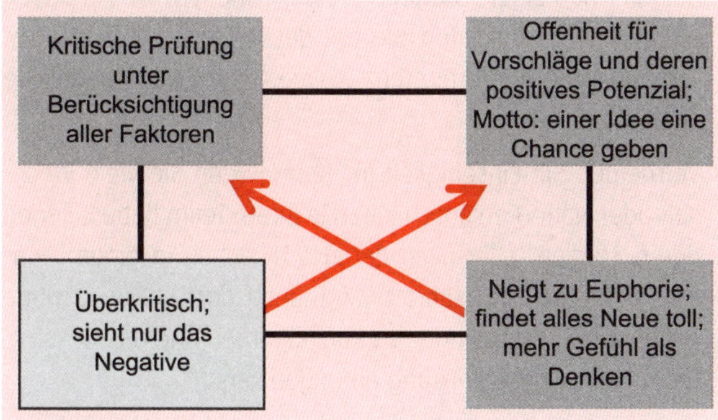

Mögliche Lösung im Wertequadrat

Typgerechte Anforderungen und Aufgaben stellen

Viele Leistungsprobleme im Unternehmen entstehen dadurch, dass man Mitarbeiter mit Aufgaben betraut, die ihrem Naturell entgegengesetzt sind. Damit sie diese Aufgaben einigermaßen gut erfüllen, müssen sie sehr viel Energie und Selbstdisziplin aufbringen, denn sie müssen ja ihre Unlust und ihren Widerwillen ständig überwinden. Natürlich wird es nie hundertprozentig gelingen, Menschen so einzusetzen, dass ihnen alles gefällt und alles passt. Aber Sie können versuchen, die Kapazitäten der Mitarbeiterinnen so zu nutzen, dass möglichst eine große Schnittmenge zwischen dem Aufgabenprofil der Stelle und ihren persönlichen Neigungen besteht:

- Klären Sie bei einer Stellenneubesetzung im Vorfeld, welche persönlichen Eigenschaften gefordert sind, um die Aufgaben gut auszufüllen. Achten Sie bei der Personalauswahl nicht nur auf fachliche Kompetenz, sondern auch auf persönliche Eigenschaften.
- Vermeiden Sie Einseitigkeit im Team. Wenn Sie viele Wechsel- oder Nähe-Persönlichkeiten in Ihrem Team haben, liegen deren Stärken, aber auch deren Schwächen in einem ähnlichen Bereich. Das führt zwangsläufig dazu, dass wichtige Aspekte bei Diskussionen zu kurz kommen und das Gesamtteam keine Spitzenleistung erbringen kann.
- Nicht alle Mitarbeiter können High Performer sein. Aber auch für nicht ganz so leistungsstarke Menschen gibt es Aufgaben, die sie gut ausüben können und die für die Gemeinschaft wichtig sind. Suchen Sie bei eher »schwachen« Mitarbeiterinnen die positiven Ressourcen und unterstützen Sie diese aktiv durch entsprechende Aufgaben und Zuspruch.
- Vermeiden Sie ein zu starkes Schwarz-Weiß-Denken à la »die sind gut« und »die sind schlecht«. Versuchen Sie aus den verschiedenen Persönlichkeitstypen eine möglichst gut kooperierende Gemeinschaft zu formen, in der sich alle mit ihren unterschiedlichen Kompetenzen ergänzen.
- Passen Sie Ihr Führungsverhalten an die jeweilige Persönlichkeit an und geben Sie ihr das, was sie braucht, z. B. Nähe-Typen mehr Bindung, mehr positives Feedback; Dauer-Typen mehr Rückhalt und Ermutigung bei Konfrontation mit Änderungen und Neuem; Wechsel-Typen Hilfe bei der Strukturie-

rung ihrer Arbeit, keinesfalls aber eine Überstrukturierung oder zu starke Kontrolle; Distanz-Typen schätzen vor allem die Sachdiskussion.

- Verteilen Sie Aufgaben im Team entsprechend den Interessen und Fähigkeiten der Einzelnen. Lösen Sie sich von der Vorstellung, dass es gerecht ist, wenn alle das Gleiche machen, dürfen, bekommen.
- Nutzen Sie die Flexibilität Ihres Unternehmens, um möglichst allen die Arbeitsbedingungen anzubieten, die sie brauchen, um sehr gute Leistung zu bringen (Arbeitsplatz, Arbeitszeiten, Sonderabsprachen).
- Sorgen Sie in Teamsitzungen dafür, dass allen Mitgliedern Respekt und Aufmerksamkeit zugestanden wird. Machen Sie auch durch Ihr eigenes Verhalten deutlich, dass Sie Ihre Mitarbeiter gerade wegen ihrer Unterschiedlichkeit schätzen und brauchen.
- Sorgen Sie für ein Klima der Toleranz. Viele Menschen – gerade solche mit besonderen Fähigkeiten – haben Macken und Einseitigkeiten, die den Umgang mit ihnen schwierig machen können. Ein giftiges, kritisches Klima verstärkt Konflikte eher, als dass es die Zusammenarbeit verbessert.
- Suchen Sie konsequent nach einvernehmlichen Kompromisslösungen bei Konflikten.
- Sie müssen nicht alles tolerieren. Wenn Dinge passieren, die Sie nicht akzeptieren können oder wollen, machen Sie dies in Kritikgesprächen unter vier Augen deutlich und drängen Sie

auf Änderung und Entwicklung. Auch wenn das Verhalten eines Menschen durch Genetik und frühe Prägungen ein Stück weit festgelegt ist, heißt dies nicht, dass er sein Verhalten nicht beeinflussen und ändern könnte. Sie als Führungskraft können aus einem extremen Wechsel-Typ keinen Ordnungsfanatiker machen. Aber Sie können ihm deutlich zu verstehen geben, was Sie von ihm erwarten: dass er Mindeststandards einhält und dass er es mit etwas Mühe auch schafft, diese einzuhalten.

- Bei sehr hartnäckigen Fällen müssen Sie gegebenenfalls zusätzlich arbeitsrechtliche Instrumente wie Abmahnungen nutzen, um deutlich zu machen, dass Ihre Forderung ernst gemeint ist.

Klima der Toleranz und Kooperation

Arbeiten unterschiedliche Persönlichkeitstypen in einem Team, gibt es genügend Konfliktstoff. Gerade Persönlichkeiten, die Randbereiche des Riemann-Thomann-Kreuzes besetzen, also bestimmte Züge sehr ausgeprägt leben, geraten schnell mit Menschen aneinander, die am völlig anderen Pol angesiedelt sind. Sie »ertragen« es nicht, dass der andere ihre eigenen Werte und Bedürfnisse durch sein Verhalten offensichtlich gering schätzt. Häufig liegt es an Ihnen als Führungskraft, Arbeit so zu organisieren, dass solche Konflikte nicht eskalieren und dass ein wohlwollend-tolerierendes Klima im Team entsteht und möglich ist. Folgendes können Sie dafür tun:

- Sorgen Sie regelmäßig für Zeiträume, in denen sich die Teammitglieder austauschen über die Art, wie sie miteinander arbeiten. Was läuft gut? Was nicht? Was können alle gemeinsam ändern, damit es besser funktioniert?
- Organisieren Sie regelmäßig – ca. alle ein bis zwei Jahre – ein sog. Team-Offsite-Treffen, also ein Meeting fernab des Tagesgeschäfts, am besten mit einer externen Moderatorin, so dass auch Sie als Führungskraft sich aktiv einbringen können. Hier klären Sie im gegenseitigen Austausch grundsätzliche Fragen des Miteinanders: Was braucht der Einzelne, um gut zu arbeiten? Welche Wünsche hat er an das Team bzw. an die Vorgesetzten? Was läuft aus seiner Sicht gut, was nicht? Im Anschluss an diese Klärung sollten dann Vereinbarungen für die zukünftige Kooperation getroffen werden. Solche Treffen sind auch gute Gelegenheiten, um schwelende Konflikte zu klären.
- Lassen Sie sich regelmäßig von jedem Einzelnen Feedback geben, wie er die Beziehung mit Ihnen als Führungskraft erlebt, was gut für ihn ist, was er sich anders wünscht. Sie müssen nicht alle Wünsche erfüllen, aber wenn Sie sie kennen, gehen Sie bewusster mit der Person um.
- Werten Sie gemeinsame Aktionen und Projekte immer aus. In der Projektphase ist häufig so viel zu tun, dass keine Zeit für die Klärung von Ärgernissen ist. Vergewissern Sie sich, was die Teammitglieder als gut und funktionierend erlebt haben und was nicht, und verabreden Sie, wie Sie in Zukunft mit vergleichbaren Situationen umgehen wollen.

- Prüfen Sie regelmäßig im Gespräch, wie zufrieden Ihre Mitarbeiterinnen mit ihrem Aufgabengebiet und ihrer Rolle im Team sind. Überlegen Sie bei Unzufriedenheit gemeinsam, was Sie ändern könnten.
- Planen Sie in jeder Teamsitzung eine kurze Zeit für zwischenmenschlichen Austausch ein, z. B. eine Eingangsrunde, bei der jede kurz berichtet, was sie im Moment beschäftigt. Sie könnten mit der Frage starten: »Was gibt es unter uns noch zu besprechen, bevor wir mit den offiziellen Sitzungspunkten anfangen?« Sie selbst können als Vorbild wirken, wenn Sie Ihre Beobachtungen, Eindrücke und Wünsche einbringen.
- Sitzen Sie Konflikte nicht aus. Die meisten Konflikte werden stärker, wenn man sie nicht aktiv bearbeitet. Wenn Sie merken, dass sich zwischen Teammitgliedern ein Konflikt aufbaut, den diese selbst nicht in den Griff bekommen, greifen Sie aktiv vermittelnd ein und erarbeiten Sie mit ihnen gemeinsam eine Lösung.
- Machen Sie Ihr Konzept deutlich: Sie sehen in der Vielfalt und Unterschiedlichkeit die Stärke und die Erfolgschancen eines Teams. Regelorientierte, ordentliche, eher traditionsverhaftete Menschen allein führen ein Unternehmen nicht in die Zukunft. Ein Team von ausschließlich abenteuerlustigen, fröhlichen, spontanen Menschen wird über kurz oder lang an der Realität scheitern. Nur wenn sich die Teammitglieder mit ihren Stärken und Schwächen ergänzen, hat das Team eine Chance, Außerordentliches zu leisten und jedem in seiner Besonderheit gerecht zu werden.

Auf einen Blick: Mitarbeitertypen erkennen und führen

- Als Führungskraft sehen Sie das Typische im Individuellen eines Mitarbeiters und einer Mitarbeiterin.
- Sie überprüfen Ihre eigene Wahrnehmung.
- Sie variieren Ihren Kommunikationsstil entsprechend.
- Sie betrachten jeden ganzheitlich – mit seinen Licht- und Schattenseiten, denn diese bedingen sich bei den meisten Menschen gegenseitig.
- Sie sehen die positiven Ressourcen, die in einem zunächst »negativen« Verhalten liegen.
- Auf Basis dieser Betrachtungsweisen fällt es Ihnen leicht, Ihren Mitarbeitern typgerechte Entwicklungsfelder zu eröffnen.
- Ebenso ist es dann leichter, typgerechte Anforderungen und Aufgaben zu stellen.
- Indem Sie jeden ganzheitlich und ressourcenorientiert betrachten und führen, schaffen Sie ein Klima der Toleranz und Kooperation im Team.

Gesprächsführung mit unterschiedlichen Typen

Kritisches ansprechen, Anforderungen stellen, Erfolge würdigen, Entwicklung vorantreiben – das alles findet statt in Gesprächen zwischen Führungskraft und Mitarbeitern.

In diesem Kapitel erfahren Sie,

- wie Sie Ihre Teammitglieder im Gespräch wirklich erreichen und voranbringen,
- wie Sie typgerecht überzeugen, delegieren, motivieren oder Feedback geben, und
- was Sie tun können, damit viele Widerstände oder Konflikte gar nicht erst entstehen.

Gespräche typgerecht vorbereiten

Machen Sie sich vor jedem Gespräch bewusst, mit wem Sie es zu tun haben werden. Fragen Sie sich:

- Welcher Typ sitzt mir gegenüber? Wo ist er auf dem Riemann-Thomann-Kreuz beheimatet? Welche typischen Verhaltensmuster zeigt sie bzw. er (Bequeme, Abenteurer, Spezialisten etc.)?
- Was braucht er, um sich in dieses Gespräch optimal einzubringen und wie offen, direkt oder schnell können Sie das Thema ansprechen? Beides hängt vom Persönlichkeitstyp ab. Grobe Orientierung finden Sie in der unten stehenden Tabelle. Behalten Sie sich aber auch individuelle Flexibilität vor. Ist jemand »total neben der Rolle«, macht es keinen Sinn, das geplante Thema durchzuziehen. Dann müssen Sie die vorliegende Störung bearbeiten, bevor Sie zum Sachthema übergehen.
- Überlegen Sie, was Ihr Gesprächsziel ist, damit Sie es im Auge behalten und bei Umwegen immer wieder darauf zurückkommen. Dann können Sie auch unnötigen Streitereien oder Nebenthemen gezielter aus dem Weg gehen und das Gespräch besser strukturieren.
- Wo könnte es zwischen Ihnen zu Konflikten kommen? Konfliktpotenzial kann im Thema liegen, in Ihrer Art, Probleme zu bearbeiten, oder in unterschiedlichen Zielen. Überlegen Sie, wie Sie diesen Problemen prophylaktisch begegnen können und was Sie tun wollen, wenn es doch soweit kommt.

Checkliste: Einstieg und Führung eines Gesprächs	
Nähe-Typen, Warmherzige	
Einstieg	Mit Small Talk und Persönlichem beginnen, nicht sofort ins Thema einsteigen; sich um Beziehung bemühen, also echtes Interesse zeigen
Gesprächsführung	Sach- und Gefühlsebene wahrnehmen und ernst nehmen; gezielt nach Interessen fragen; auf Körpersprache achten
Distanz-Typen, Pragmatiker, Spezialistinnen	
Einstieg	Zügig ins Sachthema einsteigen
Gesprächsführung	Argumente ernst nehmen; selbst logisch und sachlich argumentieren; klar sagen, was Sie denken und wollen
Ordnung-Typen, Bürokraten, Perfektionistinnen	
Einstieg	Beim Einstieg den geplanten Ablauf bzw. die Agenda des Gesprächs skizzieren; das Gespräch plangemäß und strukturiert führen
Gesprächsführung	Struktur eines Vorhabens, Pläne, Rahmen deutlich machen; Sicherheit geben durch Orientierung, Zeichnungen, Organigramm o. Ä.; sich auf Detailfragen einstellen
Wechsel-Typen, Extravertierte, Abenteurerinnen	
Einstieg	Zeit für Small Talk einplanen; ein Gefühl dafür bekommen, was gerade beim Gegenüber los ist (Überraschungen möglich); dann Struktur des Gesprächs grob vorgeben. Diese Struktur einhalten, jedoch nicht zu rigide und streng.
Gesprächsführung	Stärker lenken als normalerweise, immer wieder auf den roten Faden zurückkommen; trotzdem Raum für Ideen und Erzählungen lassen. Ergebnisse bestätigen lassen und dokumentieren.

Checkliste: Einstieg und Führung eines Gesprächs	
Ängstliche	
Einstieg	Gespräch ruhig und langsam angehen; etwas Belangloses von sich erzählen, um die Atmosphäre zu entspannen. Ablauf und Zweck des Gesprächs erklären. Beim Einstieg ins Sachgespräch immer mit harmlosem Thema beginnen.
Gesprächsführung	Tempo rausnehmen; Pausen lassen, damit Ihr Gegenüber zu Wort kommt. Mit non-direktiven-Techniken arbeiten (siehe Kapitel »Wichtige Gesprächstechniken«); körpersprachliche Signale beachten
Stars / Narzissten; geringe Werte in »Verträglichkeit«	
Einstieg	Erzählen lassen, was los ist; stabile Atmosphäre aufbauen; nie mit kritischem Punkt beginnen
Gesprächsführung	Die eigenen Anliegen deutlich machen; sich nicht unterbrechen lassen; sich nicht in ein Pro-Contra-Kampfspiel verwickeln lassen. Lösungen suchen, bei denen der Mitarbeiter sein Gesicht wahren kann.
Gemütliche	
Einstieg	Einstieg wie bei den Nähe-Typen
Gesprächsführung	Klar sagen, was Sie wollen und nicht wollen. Bei Vereinbarungen explizit das Okay holen.
Kreative	
Einstieg	Einstieg je nach Typ im Riemann-Thomann-Kreuz – denn das Temperament ist oft sehr verschieden; manche reden gern, manche nicht. Einstieg entsprechend anpassen.
Gesprächsführung	Zeit und Raum für die Ideen der Mitarbeiter geben. Auch »ins Unreine« sprechen lassen, nicht sofort Gegenargumente bringen, Ideen eine Chance geben!

Wichtige Gesprächstechniken

Verständigung setzt voraus, dass man sich bemüht, den Gesprächspartner und seine Perspektive zu verstehen, wohl wissend, dass sie durch seine genetische Ausstattung und Sozialisation zwangsläufig anders ist als die Ihre. Man unterscheidet zwischen direktiven und non-direktiven Gesprächstechniken. Als Führungskraft brauchen Sie beide, weil Sie mit diesen Techniken Tempo, Inhalte und Redeanteile steuern. Für das Verstehen brauchen Sie non-direktive Techniken. Sie helfen Ihnen, ein Gespür für Ihr Gegenüber zu bekommen. Was will er? Was beschäftigt sie? Sagt er das, was er meint? Traut sie sich zu sagen, was sie denkt? Wie kommt er darauf? Warum will sie das nicht? Non-direktive Techniken helfen Ihnen, zu erkunden und erspüren, Ihre Wahrnehmung zu schärfen und das Gespräch bewusst zu führen.

> Bei Gesprächen mit Mitarbeitern sollte Ihr Redeanteil nicht höher als 50 % sein – auch dann nicht, wenn Ihr Gegenüber ein eher wortkarger Mensch ist. Nur so stellen Sie sicher, dass Sie seine Ziele, Motive und Gedanken wahrnehmen und verstehen können.

Die direktiven Techniken brauchen Sie, um Ihrer Funktion als Führungskraft gerecht zu werden: Sie wenden Sie an, um dem Gespräch Richtung und Struktur zu geben, um klare Ziele, Ansagen, Informationen, Argumente und Feedback zu kommunizieren und Grenzen zu setzen.

Überblick: Direktive Techniken

- Rahmen setzen, strukturieren, gesprächssteuernde Interventionen, z. B.: »Bevor wir mit X beginnen, wollte ich mit Ihnen klären, wie …«
- Anordnen, delegieren, z. B.: »Frau Schmidt, ich möchte gerne, dass Sie …«
- Argumentieren, z. B.: »Ich halte dieses Vorgehen für richtig, weil …«
- Neinsagen/Grenzen setzen, z. B.: »Herr Müller, ich möchte auf gar keinen Fall, dass Sie an X ein Angebot rausschicken, das Sie nicht zuvor mit mir abgesprochen haben.«
- Erwartungen klar ausdrücken, z. B.: »Wenn Sie mit etwas unzufrieden sind, möchte ich, dass Sie das mit mir direkt besprechen und ich das nicht über andere erfahre.«

Überblick: Non-direktive Techniken

- Zuhören und die andere Perspektive verstehen wollen
- Non-verbale Zuhörsignale geben, z. B. nicken, »mhm«, Blickkontakt, Konzentration aufs Gegenüber, neutraler, wohlwollender und unterstützender Gesichtsausdruck
- Offene Fragen, also W-Fragen, z. B.: »Welchen Eindruck haben Sie von …«, »Warum ist XY für Sie so wichtig?«, »Was genau meinen Sie mit …?«
- Paraphrasen und Bestätigungsfragen: Sie fassen mit eigenen Worten kurz zusammen, was Sie verstanden haben, z. B.: »Ich verstehe Sie so, dass es Ihnen lieber ist …«
- Gefühle/Eindrücke ansprechen: Manchmal sagen Menschen nicht klar, was sie denken und fühlen, aber Sie spüren trotzdem etwas. Drücken Sie dies aus: »Ich habe den Eindruck, so richtig zufrieden sind Sie mit der Lösung nicht.«

Mehr dazu finden Sie in den TaschenGuides »Gesprächstechniken« und »Feedbackgespräche«.

Überzeugen

Viele gehen intuitiv davon aus, dass die Argumente, die sie selbst überzeugen, auch andere überzeugen. Entsprechend verwundert sind sie, wenn sie feststellen, dass der andere überhaupt nicht auf ihre tolle Argumentation reagiert. Dies lässt sich allerdings leicht erklären. Es gibt nicht einfach »gute« Argumente, die universell einsetzbar und schlagend sind. Es gibt nur Argumente, die das Gegenüber überzeugen oder nicht überzeugen. Welche Argumente wirksam sind und welche nicht, hängt von der Person ab, die wir überzeugen wollen – ihren Gewohnheiten, ihrer Art zu denken, ihren Werten und Zielen. Beim Überzeugen spielt der Persönlichkeitstyp also eine besonders wichtige Rolle. Jeder Typ spricht auf unterschiedliche Arten von Argumenten an. Was für den einen ein K.-o.-Kriterium ist, lässt die andere kalt. Argumente müssen so ausgewählt werden, dass sie sich in das individuelle innere Geflecht von Werten, Überzeugungen, Vorlieben des Gegenübers einfügen und dort eine Wirkung hinterlassen. Im Folgenden erfahren Sie mehr über verschiedene Arten von Argumenten und ihre Wirkung auf die Gesprächspartner.

Zahlen und Fakten

Vielleicht denken Sie, dass Zahlen und Fakten alle Menschen überzeugen. Dies ist nicht der Fall. Die Wahrscheinlichkeit, dass man im Lotto »6 Richtige« hat, ist verschwindend gering (0,0000064 %). Trotzdem spielen viele Menschen Lotto und hoffen auf den Gewinn. Zahlen und Fakten wirken vor allem auf die Menschen überzeugend, die sehr sach- und faktenorientiert sind, die gerne Vergleiche anstellen, analysieren und ihre Entscheidungen selbst mit Zahlenmaterial absichern.

> Begründungsschema:
>
> A ist richtig / sinnvoll / ratsam, weil A von den Daten X gestützt wird.

BEISPIEL

»Nach einer aktuellen Umfrage des Verbands BitKom wünschen sich 40 % der Angestellten, mindestens einen Tag in der Woche von zu Hause aus zu arbeiten. Wenn wir qualifizierte Leute für unsere Firma hier im ländlichen Raum finden wollen, müssen wir flexiblere Arbeitszeitmodelle und die Möglichkeit anbieten, tageweise von zu Hause zu arbeiten.«

Zahlen und Fakten sollten Sie immer vorweisen, wenn Sie mit Menschen zu tun haben, die auf der Nähe-Distanz-Achse eher rechts, also im Distanzbereich platziert sind. Diese Menschen sind ohne entsprechendes Zahlen- und Faktenmaterial nur schwer zu überzeugen. Gehen Sie davon aus, dass sie Ihre Angaben kritisch hinterfragen werden und bereiten Sie sich gut vor. Auch Menschen, die auf der Dauer-Wechsel-Achse weit oben sind, sprechen auf Zahlen und Fakten an. Sie sind gerne auf der »sicheren« Seite und fühlen sich mit Belegen wohler.

Werte und Normen

Das Wertegerüst eines Menschen ist in vielen Fällen ausschlaggebend für die Überzeugungskraft von Argumenten. Wenn Sie an Werte appellieren, die Ihr Gegenüber für sich nicht als wichtig erachtet, z.B. Gerechtigkeit oder Regeltreue, werden ihn entsprechende Argumente nicht berühren. Sie können also nur mit Werten und Normen argumentieren, von denen Sie annehmen oder wissen, dass Ihr Gegenüber sie teilt.

> Begründungsschema:
>
> A sollte getan werden, weil A den Wert X verkörpert oder erfüllt.
>
> Oder: A sollte getan werden / ist richtig, weil A der Norm X entspricht.

BEISPIEL

In vielen asiatischen Ländern ist der Respekt vor älteren Menschen ein wichtiger Wert. So kann es sein, dass man etwas tut, weil die Ältere es wünscht, auch wenn man das selbst nicht für richtig erachtet. Der Wert, dem älteren Menschen zu folgen, ist höher als sich z.B. nach Fakten zu richten, die dagegen sprechen. In Deutschland käme man mit dem Argument »Wir machen das, weil der ältere Kollege das wünscht«, nicht weit. Keiner würde das akzeptieren, weil bei uns die Vorrangstellung des Alters als Wert kulturell nicht verankert ist.

Eine werteorientierte Argumentation ist immer dann erfolgreich, wenn Sie an Werte appellieren, die dem Individuum wichtig sind oder die in der Gesellschaft oder Schicht verankert sind, der die Person sich zugehörig fühlt. Für die einen ist es ein Wert, einen hohen Status zu haben und das auch materiell sichtbar zu machen; für andere ist es christliche Nächstenliebe und die Bereitschaft, Benachteiligten zu helfen; für andere ist es der Wert der Autonomie und Selbstverwirklichung; wieder andere sprechen auf fest gefügte Normensysteme wie Gesetze und Regeln an. Dauer- und Ordnung-Typen, Bürokraten, Perfektionistinnen und ängstliche Menschen orientieren sich stark an allgemein gültigen Regeln. Für sie ist es wichtig, dass es korrekt ist, was sie tun. Für sie sind Normen, Sitten, Traditionen und Regeln wichtige Argumente. Werte sind stärker individuell. Wissen Sie, welchen Werten sich Ihr Gegenüber verpflichtet fühlt, nehmen Sie in Ihrer Argumentation auf diese Werte Bezug.

Folgen

Bei einer anderen Art von Argumentation machen Sie auf die Folgen aufmerksam, die eine Entscheidung hätte. Die Folgenargumentation beruht häufig auf Prognosen und ist nicht immer überprüfbar. Die Folge kann eintreffen, aber auch nicht. Deshalb sind Folgenargumente häufig angreifbar. Doch gerade wenn die Folgen emotional eingefärbt sind, Angst schüren oder freudige Erwartungen wecken, haben sie auf viele Menschen eine starke argumentative Wirkung.

> Begründungsschema:
>
> A ist richtig / ratsam / vernünftig. Wir sollten A tun, weil es die positiven Folgen XYZ nach sich ziehen wird.
>
> Oder: A ist falsch / nicht ratsam / unvernünftig. Wir sollten A nicht tun, weil es die negativen Folgen XYZ nach sich ziehen wird.

BEISPIEL:

»Wenn du deinen Job schon nach einem Jahr wieder kündigst, wirst du bei zukünftigen Arbeitgebern als unzuverlässig dastehen«, oder: »Wenn Sie das Geld in diesem Fonds anlegen, werden Sie innerhalb von 5 Jahren eine Rendite von mindestens 6,1 % erzielen« (ein Folgeargument, das zugleich stark auf Zahlen basiert).

Bei einem Distanz-Typ werden Sie mit einer Folgenargumentation nur erfolgreich sein, wenn er die von ihnen prognostizierten Folgen logisch nachvollziehen kann und für wahrscheinlich hält, die Argumente also seiner kritischen Prüfung standhalten. Vor allem emotional ansprechbare Menschen reagieren besonders stark auf eine Folgenargumentation. Ängstliche und dauer-/ordnungsorientierte Menschen schrecken zurück, wenn Risiken oder Negatives als Folge thematisiert werden. Wechsel-Typen und Menschen mit stark ausgeprägten Dimensionen »Offenheit für Neues« und »Extraversion« werden stärker auf positive Verheißungen reagieren und bereit sein, auf eine kritische Prüfung zu verzichten, wenn die positive Erwartung groß genug ist. Ist die Folgenargumentation darauf angelegt, Emotionen auszulösen, besteht die Gefahr der Manipulation. Als Führungskraft sollten Sie also verantwortlich und sorgsam mit diesem Mittel umgehen.

Nutzen

Bei der Nutzenargumentation machen Sie deutlich, welchen Nutzen eine Entscheidung oder Maßnahme für die Person hat, die Sie überzeugen wollen. Oder Sie schildern den Nutzen, den eine Entscheidung für das Unternehmen, das Team, den Kunden oder andere Zielgruppen hat. Für Ihr Gegenüber ist der eigene Nutzen häufig ein wichtiger Aspekt. Bei der Nutzenargumentation geben Sie – stellvertretend für Ihr Gegenüber – eine Antwort auf die Frage: »Was habe ich davon?« Diese Antwort ist entscheidend, wenn Sie jemanden davon überzeugen wollen, etwas zu tun oder zu lassen.

> Begründungsschema:
>
> X sollte getan werden / ist ratsam, weil durch X der Nutzen Z entsteht.

BEISPIEL:

»Wenn Sie die Beförderung annehmen und Ihren Einsatzort nach Düsseldorf verlegen, haben Sie netto 900 Euro mehr in der Tasche«, oder: »Sie haben dann nicht so weite Anfahrten und können mehr Zeit mit Ihrer Familie verbringen«.

Generell ist das Nutzenargument bei allen Persönlichkeitstypen wichtig und wirksam. Allerdings müssen Sie auswählen, welcher der möglichen Nutzenaspekte beim Gegenüber wirkt. Das Geldargument wirkt nicht bei familienorientierten Menschen, wenn sie dafür eine deutlich längere Anfahrt zur Arbeit haben, mehr arbeiten müssen und noch weniger Zeit für die Familie bleibt – es sei denn, sie bräuchten das Geld, um ihren Kindern mehr zu ermöglichen. Für materiell eingestellte Menschen ist die Einkommensverbesserung ein wichtiges Nutzenargument; für statusbewusste Menschen zählt der Nutzen des hierarchischen Aufstiegs. Bei Bequemen könnte z. B. die Argumentation wirken, dass eine neue Regelung weniger anstrengt, einfacher oder komfortabler ist. Quirlige Wechsel-Typen und Abenteurerinnen interessiert das nicht. Ein Nutzen für sie wäre, dass sie mehr Dienstreisen machen oder eine neue Sprache lernen können.

Ziele

Die Zielargumentation wirkt dann, wenn Sie und der Mensch, den Sie überzeugen möchten, die gleichen Ziele verfolgen oder den gleichen Zielen verpflichtet sind.

> Begründungsschema:
>
> A sollte getan werden, weil Ziel X erreicht werden soll.
>
> Oder: Um X zu erreichen, muss A getan werden.

BEISPIEL:

»Wir haben uns ja darauf geeinigt, dass Sie die Zahl Ihrer Überstunden abbauen. Wenn Sie die Leitung für dieses Projekt übernehmen, kann das nicht gelingen, weil Sie da viel unterwegs sein müssten und das noch zu Ihrer normalen Arbeit dazu käme. Deswegen schlage ich vor, Sie nehmen als Fachmann an diesem Projekt teil; die Projektleitung und Organisation überlassen wir aber der Kollegin Schmidt.«

Wenn die Person das genannte Ziel (Abbau der Überstunden) für sich akzeptiert, wird sie der Argumentation folgen können und auch die Schlussfolgerung akzeptieren. Ist ihr das Ziel, Überstunden abzubauen, nicht so wichtig wie die Möglichkeit, einen höheren Status in der Gruppe zu erlangen (Projektleitung), oder die Lust, mehr Gestaltungsspielraum oder Abwechslung zu haben, wird diese Zielargumentation ins Leere laufen. Die Zielargumentation kann bei allen Persönlichkeitstypen nur dann wirken, wenn Sie sich auf Ziele berufen, die Ihr Gegenüber für sich akzeptiert. Wechsel-Typen und Abenteurer sind schlechter auf verbindliche Ziele festzulegen. Ein Ziel, das sie gestern sinnvoll fanden, kann schon heute nicht mehr so relevant sein, weil etwas anderes interessanter oder wichtiger erscheint. Dauer-/Ordnung-Typen identifizieren sich stärker mit vereinbarten Zielen und fühlen sich stärker daran gebunden.

Anliegen

Anliegen sind Ihre Wünsche oder die Ihres Ansprechpartners. Eine Argumentation, die darauf beruht, nennt man Anliegenargumentation.

> Begründungsschema:
>
> A sollte getan werden, weil A das Anliegen X von Person / Personengruppe Y erfüllt.

BEISPIEL:

»Sie hatten mir in unserem letzten Personalgespräch gesagt, dass Sie sich mit Ihrer jetzigen Aufgabe unterfordert fühlen und dass Sie sich mehr Verantwortung wünschen. Deshalb kann ich mir gut vorstellen, dass die Elternzeitvertretung von Frau Schmidt für Sie attraktiv ist. Sie hätten die Möglichkeit, sich für mindestens 14 Monate in der Rolle der Teamleiterin auszuprobieren. Deswegen fände ich es gut, wenn Sie diese Aufgabe übernehmen.«, oder: »Mir ist sehr wichtig, dass alle Teammitglieder fließend Englisch sprechen und jeder jeden in Telefongesprächen mit unseren ausländischen Kunden ersetzen kann. Deswegen möchte ich, dass Sie an unserem Fortbildungsprogramm Englisch teilnehmen.«

Die Anliegenargumentation ist für alle Persönlichkeitstypen geeignet. Das Entscheidende ist, dass Sie die wirklichen Anliegen des anderen kennen und diese in Ihrer Argumentation mit der anstehenden Entscheidung verbinden. Wenn Sie deutlich machen, warum das, was Sie vom anderen wollen, auch seine Wünsche befriedigt, sind Sie nah am Ziel. Argumentieren Sie hingegen mit Ihren eigenen Anliegen, werden Sie bei Menschen, die auf der Nähe-Distanz-Achse eher links angesiedelt sind, mehr Erfolg haben, als bei Distanz-Typen, deren eigene Interessen in der Regel stärker wiegen als die Anliegen anderer. Nähe-Typen werden eher gewillt sein, Ihnen zuliebe etwas zu tun. Dauer-/Ordnung-Typen und ängstliche Typen werden Argumente, die auf Ihren Anliegen als Vorgesetzte beruhen (Mir ist wichtig / Ich möchte ...), ebenfalls eher akzeptieren, weil sie die hierarchische Struktur anerkennen: »Wenn die Chefin das will, ist es okay«.

Typgerecht überzeugen – Essentials

- Um Argumente aufzuspüren, die auf Ihr Gegenüber wirken, müssen Sie die Interessen, Anliegen, Werte, Motive, Denkweisen Ihres Gegenübers kennen.
- Um diese herauszufinden, hilft es, wenn Sie in regelmäßigem Kontakt zu Ihren Mitarbeiterinnen sind und ein Gefühl für die Typen und auch für ihre individuellen Besonderheiten entwickeln.
- Um die Persönlichkeit eines anderen Menschen im Gespräch besser zu erkennen und zu verstehen, hilft es, non-direktive Gesprächstechniken anzuwenden und aufrichtiges Interesse an der Person zu haben.
- Die grobe Typisierung (Nähe-Distanz/Dauer-Wechsel; Big Five; Charaktertypen wie Bequeme, Perfektionistin etc.) gibt Ihnen Orientierung, auf welche Argumente die Person stärker anspricht bzw. welche Argumente weniger wichtig oder sogar kontraproduktiv sind.
- Es gibt nicht »die guten Argumente« für eine Sache, sondern gute Argumente sind solche, die andere überzeugen. Um Frau Schmidt von etwas zu überzeugen brauchen Sie andere Argumente als für Herrn Müller, auch wenn es beide Male um dasselbe Thema geht.

Motivieren

Viele Menschen muss man gar nicht motivieren, sie sind einfach aus sich heraus motiviert. Das ist der Idealfall, den sich alle Vorgesetzten wünschen. Doch wenn man genauer hinschaut, warum sie von sich aus motiviert sind, stellt man fest, dass es durchaus auch äußere Faktoren sind, die ihre Motivation speisen, z. B. das Umfeld, in dem sie arbeiten, das Team, das Thema, die Anerkennung der Kunden oder der Vorgesetzten, die Aufgabe, die Aufstiegsmöglichkeit im Unternehmen – Faktoren, die sich ändern und auch zu einem Nachlassen der Motivation führen können. Ein Unternehmen und einzelne Vorgesetzte können Motivation begünstigende und Motivation eher abträgliche Strukturen und Umgangsformen schaffen.

Motivation entspringt einer Wechselwirkung zwischen Persönlichkeit, Umfeld und Aufgabe.

Als Vorgesetzter haben Sie vor allem Einfluss auf die Gestaltung des Umfelds und der Aufgaben. Den Persönlichkeitstyp und den damit verbundenen Antrieb können Sie nicht ändern. Diesen sollten Sie aber berücksichtigen, wenn Sie motivierend wirken möchten.

Grundformen der Motivation

Motivation ist das, was einen Menschen antreibt. Wir unterscheiden zwischen verschiedenen Grundformen des Antriebs: der intrinsischen und der extrinsischen Motivation und der aufgaben- oder kontextorientierten Motivation.

Intrinsische Motivation

Mit intrinsischer Motivation bezeichnet man den Antrieb von innen. Ich möchte etwas und bin bereit, dafür Kraft und Energie zu investieren. Ein Kind, das laufen lernt, hat eine hohe intrinsische Motivation. Es muss lange üben und viele Rückschläge, ja sogar Stürze und Schmerzen in Kauf nehmen. Trotzdem arbeitet es unermüdlich an seinem Projekt »Laufenlernen«. Die Belohnung für die Mühen ist das ungeheure Glücksgefühl, nach den Anstrengungen sein Ziel erreicht zu haben. Dieses Glücksgefühl motiviert, weitere Projekte ins Auge zu fassen, wieder auf etwas hinzuarbeiten und ähnliches Glück beim Gelingen zu empfinden. Erwachsene, die sich mit intrinsischer Motivation in ein Projekt begeben, sind ähnlich ausdauernd und resistent gegen Frustration. Die Mühen werden gemildert durch die Lust daran, etwas zu schaffen, und die Aussicht auf Erfolg. Es ist unglaublich, wie viel Energie intrinsische Motivation erzeugen kann. Es ist die stärkste und ausdauerndste Antriebskraft des Menschen.

Extrinsische Motivation

In der Erziehung vertraut man häufig nicht allein auf die allen Menschen eigene intrinsische Motivation. Man versucht, andere zu einer bestimmten Leistung zu motivieren, indem man sie von außen beeinflusst. Dies nennen wir extrinsische Motivation. Ich belohne die Person dafür, dass sie eine bestimmte Leistung erbringt. Die Belohnung kann materieller Art sein, z. B. Geld oder Süßigkeiten für gute Noten. Sie kann auch immaterieller Art sein, z. B. Lob, Anerkennung, Zuwendung, bzw. auch Strafe oder Liebesentzug bei Misserfolgen. In unserer Kultur wird in der Erziehung viel mit extrinsischer Motivationstechnik gearbeitet, so dass auch viele Mitarbeiter in Unternehmen an diese Form gewöhnt sind und darauf ansprechen. Alle Prämien- und Bonussysteme, aber auch die Belohnung durch Aufstieg in der Hierarchie und Statussymbole wie Dienstwagen sind Mittel der extrinsischen Motivation.

> Im Gegensatz zur intrinsischen Motivation verpufft die Wirkung extrinsischer Motivation mit der Zeit. Man gewöhnt sich an den neuen Status, den Dienstwagen, die Gehaltserhöhung und braucht dann neue Reize, um sich motiviert zu fühlen.

Nicht alle Menschen sind mit extrinsischer Motivation zu erreichen. Wem materielle Güter oder Anerkennung von außen nicht so wichtig sind, ist auf diese Weise kaum zu motivieren. Deswegen funktionieren die von manchen Unternehmen eingesetzten Anreizsysteme nur bei einem Teil der Mitarbeiterinnen und das auch immer nur für eine begrenzte Zeit.

Aufgabenorientierte Motivation

Manchen Menschen ist die Art der Aufgabe sehr wichtig, um Motivation entwickeln zu können. Ordnung-Typen brauchen klar umrissene Aufgaben mit definierten Zielen, die sie systematisch bearbeiten und auch abschließen können. Abenteurerinnen oder Spezialisten brauchen Aufgaben, die sie fordern und ihnen Gestaltungsspielräume eröffnen, Aufgaben, die ihnen einen Kick geben. Die mögliche Gefahr des Scheiterns spornt sie eher an, als dass sie sie davon abhalten würde, sich der Aufgabe mit Energie zu widmen.

Kontextorientierte Motivation

Für andere Menschen ist die Art der Aufgabe nicht entscheidend, sondern der Kontext, in dem sie diese Aufgabe erledigen. Menschen, denen Anerkennung und Status wichtig sind, wollen sichtbaren Erfolg. Das Thema ist austauschbar. Was zählt ist, dass sie Erfolge erzielen können und mit diesen Erfolgen gesehen werden und punkten. Sie wollen auf dem Siegertreppchen stehen. Dafür brauchen sie andere Menschen, einen sozialen Kontext, in dem sie wirken. Andere wiederum brauchen vor allem eine gute Gemeinschaft, um sich zu engagieren. Sie sind durchaus auch bereit, unliebsame Aufgaben zu übernehmen, wenn es für die Gemeinschaft wichtig ist. In einem Team, das keines ist, in dem Missgunst und Zwietracht herrschen, sind sie unglücklich und leistungsunfähig oder leistungsunwillig. Auch sie sind in ihrer Motivation stark vom sozialen Kontext geprägt.

Motivationstypen

Wenn man diese Grundströmungen der intrinsischen und extrinsischen sowie der aufgaben- und kontextorientierten Motivation kombiniert, ergeben sich vier Motivationstypen. Dass diese Unterschiedliches von der Führungskraft brauchen, um Zugang zu ihrer Motivation zu bekommen, zeigt die folgende Abbildung.

	Extrinsische Motivation	Intrinsische Motivation
Aufgabenorientiert	**Ergebnisorientierter Motivationstyp:** Dauer-Typen, hohe Werte in Big-Five-Dimension „Gewissenhaftigkeit" Bürokraten, Perfektionisten, Pragmatikerinnen	**Entwicklungsorientierter Motivationstyp:** Menschen mit hohen Werten in Big-Five-Dimension „Offenheit für Neues", eher Wechseltypen, Kreative, Spezialisten
Kontextorientiert	**Wirkungsorientierter Motivationstyp:** Menschen mit hohen Big-Five-Werten in „Offenheit für Neues", Abenteurer, Menschen mit narzisstischen Zügen/Stars	**Integrativer Motivationstyp:** Nähe-Typen, Ängstliche, Menschen mit hohen Werten in Big-Five-Dimension „Verträglichkeit/Geselligkeit", Warmherzige

Vier Motivationstypen

Der ergebnisorientierte Motivationstyp

- Er braucht klare Aufgaben und Ziele, definierte Abläufe und ein überschaubares Ende.
- Er möchte Orientierung, was es (ihm) bringt.
- Er erledigt auch wenig reizvolle Aufgaben, ohne zu murren.
- Er schätzt und erwartet Belohnung für gute Leistung.
- Risiko, unübersehbare Aufgaben, Chaos lähmen ihn.

Der entwicklungsorientierte Motivationstyp

- Er braucht Sinn und Zusammenhang in seiner Arbeit. Er muss sich mit dem Thema und der Aufgabe identifizieren können.
- Er braucht Gestaltungs- und Entwicklungsspielraum. Einfach nur eine Routine abzuarbeiten, reizt ihn nicht.
- Er braucht keine zusätzliche Stimulanz von außen. Er findet das Motivierende in der Arbeit selbst.
- Er will sich entwickeln, Neues lernen. Er kann nicht jahrelang das Gleiche machen.
- Ihn mit extrinsischen Mitteln zu motivieren, findet er entwürdigend. Für ein paar hundert Euro mehr ist er nicht zu haben.

Der wirkungsorientierte Motivationstyp

- Er schätzt herausfordernde Aufgaben mit großer Wirkung im Erfolgsfall.
- Er hat keine Angst vor Risiko, im Gegenteil, es motiviert ihn. Je schwieriger die Aufgabe, desto größer der Erfolg, wenn es doch gelingt.
- Er braucht positive Anreize und Zuspruch. Er macht das, was er tut, auch für sein Ansehen bei anderen.
- Eine starke Antriebsfeder ist die Belohnung, die nicht nur versteckt auf seinem Konto landet, sondern sichtbar ist: Auszeichnungen, Aufstieg, Platzierungen, Statussymbole, Öffentlichkeit.
- Mit langweiligen Routineaufgaben ohne Gewinnmöglichkeit werden diese Menschen zu Minderleistern.

Der integrative Motivationstyp

Ein gutes soziales Umfeld, eine funktionierende Gemeinschaft, in der man zueinander steht, motivieren den integrativen Typ. Hier ist er bereit, sehr viel zu geben.

- Er braucht gute Kommunikation und Kooperation.
- Ein wichtiger Antrieb für ihn ist das Gefühl, gebraucht zu werden.
- Geben und Nehmen sowie Gerechtigkeit sind ihm wichtig. Ungerechtigkeit, Intransparenz und unmoralisches Handeln stoßen ihn ab und führen zu Verweigerung und Minderleistung.
- Er verliert manchmal vor lauter Beziehungspflege seine Sachaufgaben aus den Augen. Er braucht von seinem Vorgesetzten ein normatives Umfeld, also eine (liebevolle) Erinnerung daran, was von ihm erwartet wird und was nicht.

Delegieren

Projekte zu organisieren und Aufgaben so zu delegieren, dass ein Team seine vereinbarten Ziele erreicht, ist Kerngeschäft von Führungskräften. Die Organisation und Delegation von Aufgaben sind besonders herausfordernd, weil fachliche und menschliche Faktoren gleichermaßen wichtig für den Erfolg sind. Beim Delegationsprozess sind bestimmte Grundregeln für alle Mitarbeitertypen zu berücksichtigen. Einzelne Unterpunkte in diesem Prozess sind jedoch für verschiedene Typen besonders wichtig.

1. **Stärken nutzen:** Sie organisieren die Arbeit in Ihrem Verantwortungsbereich so, dass Sie die Stärken der einzelnen Mitarbeiter optimal nutzen. Sie vermeiden es, einem Aben-

teurer die Kontrolle von endlosen Listen zu übertragen oder einem Ängstlichen die Leitung für ein noch nicht klar definiertes Projekt mit hohem Risikopotenzial.

2. **Informieren**: Bei der Delegation geben Sie ausreichende Informationen über die Aufgabe und alles, was für ihre Erledigung wichtig ist. Bei Dauer-Typen, Bürokraten, Perfektionistinnen und Ängstlichen müssen Sie bei diesem Schritt besonders sorgfältig und transparent vorgehen. Unklarheit, Ziellosigkeit oder Chaos lösen bei ihnen Angst oder Lähmung aus.
3. **Verantwortung übertragen:** Sie übertragen mit der Aufgabe auch die nötigen Kompetenzen und die Verantwortung für diesen Auftrag. Bei einem Dauer-Typ, einer Bürokratin, einer Perfektionistin und einer Ängstlichen betonen Sie, dass sie zwar die Verantwortung für das Projekt hat, bei Ihnen aber Rückhalt findet, wenn sie Zweifel, Probleme oder Schwierigkeiten hat.
4. **Erwartungen klären, Freiraum geben:** Sie geben klare Anweisungen in Bezug auf das, was Sie erwarten, lassen aber – abhängig von Erfahrung und Wissen des Einzelnen – größtmöglichen Freiraum bei der Ausgestaltung des Weges dahin. Für entwicklungs- und wirkungsorientierte Motivationstypen, Abenteurer, Wechsel-Typen und Spezialistinnen ist der Gestaltungsspielraum ein wichtiges Motivationsmittel. Achten Sie darauf, dass Rahmen und Freiraum für sie in einem guten Verhältnis zueinander stehen.
5. **Sinn vermitteln:** Sie geben Informationen zum Sinn und dem Ziel der Aufgabe. Sie erläutern die Bedeutung der Auf-

gabe im Projektzusammenhang, damit der Mitarbeiter die Relevanz seines Beitrags erkennen kann. Dies ist besonders für entwicklungs- und integrationsorientierte Motivationstypen wichtig, die sich durch den Sinn einer Aufgabe und die Eingebundenheit in etwas Größeres motivieren lassen.

6. **Zeiten klären**: Sie klären den Zeitbedarf für die Aufgabe, vereinbaren Termine für Rückmeldung, Information, Kontrolle und Fertigstellung. Diese Parameter brauchen die Dauer-/Ordnung-Typen, um gut arbeiten zu können. Die Wechsel-Typen brauchen sie als strukturierenden Rahmen, den sie sich eventuell selbst nicht geben können. Bei Wechsel-Typen und Gemütlichen müssen sie davon ausgehen, dass sie sich nicht zuverlässig an solche Vereinbarungen halten. Sie müssen mit ihnen enger in Kontakt bleiben oder ihnen eine ordnende Hilfe an die Seite geben, um den plangemäßen Ablauf sicherzustellen.
7. **Ressourcen checken**: Sie vergewissern sich, dass die Mitarbeiterin über die nötigen Ressourcen verfügt (fachlich, zeitlich, materiell etc.), bzw. Sie stellen sicher, dass sie diese bekommt. Ängstliche und Nähe-Typen trauen sich manchmal nicht, Vorgesetzte auf Mängel aufmerksam zu machen. Bei diesen müssen Sie aufmerksamer klären, ob alles in Ordnung ist. Sagen Sie explizit, dass sie sich bei Problemen an Sie wenden sollen.
8. **Konfliktfelder aufdecken**: Sie überprüfen eventuelle Konflikte mit anderen Aufgabenbereichen oder Projekten und klären nach Rücksprache mit den betroffenen Kollegen die Priorisierung bzw. Umverteilung der Aufgaben. Dies ist vor

allem bei denjenigen wichtig, die allem gerecht werden wollen und allein schlechter priorisieren können, z. B. Perfektionistinnen, Nähe-Typen oder Bürokraten.

9. **Feedback geben**: Sie geben zwischendurch und nach Abschluss ein Feedback, das die Leistung des Einzelnen anerkennt und – wenn nötig – Verbesserungsmöglichkeiten aufzeigt. Dies ist für alle Typen wichtig. Nähe-Typen, integrative und wirkungsorientierte Motivations-Typen brauchen dies jedoch besonders, weil sie über das Feedback Sicherheit und Motivation beziehen. Wechsel- und Distanz-Typen suchen dieses Feedback vielleicht nicht. Als Vorgesetzte sollten Sie auch bei diesen nicht darauf verzichten, damit Sie auf dem Laufenden sind und nicht am Schluss überrascht werden, dass alles ganz anders umgesetzt wurde als besprochen.
10. **Ratgeber sein:** Sie stehen bei Bedarf mit Rat und Unterstützung zur Verfügung. Seelisch besonders darauf angewiesen sind Nähe- und Ordnung-Typen, integrative Motivationstypen und Ängstliche. Als Verantwortlicher eines Teams sollten Sie jedoch an alle signalisieren: »Ich bin da, wenn ihr mich braucht, und hake auch mal nach, wenn ihr nicht von euch aus kommt, damit ich meiner Verantwortung gerecht werde.«

Feedback geben und kritisieren

Es ist Ihre Aufgabe als Führungskraft, Ihren Mitarbeitern regelmäßig Rückmeldung darüber zu geben, wie Sie deren Arbeit wahrnehmen, was Sie gut finden, was Sie irritiert, was Sie sich fragen und was Sie anders haben wollen. Es ist hilfreich, wenn auch Sie sich regelmäßig von Ihren Mitarbeitern Feedback geben lassen: Wie erleben sie Ihre Arbeit? Wie erleben sie die Beziehung zu Ihnen als Vorgesetzte? Was wünschen sie sich anders? Feedback zu geben und einzufordern sowie konstruktiv Kritik zu üben, sind folglich Basistechniken für Führungskräfte. Allerdings können unterschiedliche Persönlichkeitstypen mit Feedback und Kritik unterschiedlich gut umgehen.

Wer Feedback braucht

Dauer- / Ordnung-Typen, Nähe-Typen, wirkungsorientierte und integrative Motivationstypen, Ängstliche, Warmherzige und Stars wünschen sich aus unterschiedlichen Gründen regelmäßige und deutliche Rückmeldung für ihre Arbeit. Sie möchten entweder, dass ihre Leistung gesehen und wertgeschätzt wird, brauchen also Feedback als Motivationshilfe (integrative und wirkungsorientierte Motivationstypen, Nähe-Typen), oder sie brauchen es, um sich sicher zu fühlen, weil sie Angst vor Fehlern haben und deshalb die enge Abstimmung mit Vorgesetzten suchen (Dauer-/Ordnung-Typen). Sind Sie selbst ein eher autonomer Distanz-Typ, wird es Ihnen vielleicht schwer fallen, dieses Bedürfnis nach Rückmeldung und Bestärkung zu verstehen, weil Sie es selbst nicht in dem Maß kennen. Sicherheitsliebende, unsichere Menschen und solche, für die Anerkennung durch andere einfach wichtig ist, brauchen jedoch genau das von Ihnen. Für diese regelmäßigen Checks müssen Sie nicht große Besprechungen einberufen, oft reicht ein regelmäßiges

Reinschauen und Nachhaken, verbunden mit aufmerksamem Zuhören und einem kurzen ermunternden, ratenden oder korrigierenden Feedback.

BEISPIEL:

»Na, Frau Schmidt, wie läuft's?« Dann lässt der Vorgesetzte sie reden, fragt nach oder paraphrasiert. Je nach Vorgeschichte kann er dann reagieren: »Ich habe auch nur Gutes gehört. Es freut mich, dass Sie das so gut im Griff haben.«, oder: »Das hört sich so an, als wäre es gut, wenn wir mit etwas mehr Zeit darüber sprechen würden. Lassen Sie uns doch einen Termin machen.«, oder: »Okay, ich verstehe das, aber es ist nicht das, was ich mir vorgestellt habe. Lassen Sie uns das in meinem Büro zusammen durchgehen.« Im folgenden Gespräch gibt die Führungskraft gegebenenfalls korrigierendes Feedback.

Wer gern auf Feedback verzichtet

Distanz- und Wechsel-Typen, entwicklungsorientierte Motivationstypen, Abenteurerinnen und Spezialisten fühlen sich häufig nicht auf Feedback angewiesen. Haben sie bei einem Thema angebissen, arbeiten sie munter voran, ohne große Zweifel, ob das ihrem Vorgesetzten oder anderen gefällt oder nicht. Es kann sogar sein, dass diese Typen es lästig finden, wenn Sie regelmäßig nachfragen, wie es läuft. Sie lieben ihre Autonomie und wollen sich nicht kontrollieren oder gängeln lassen. Als Führungskraft sollten Sie dies insofern berücksichtigen, dass Ihr Auftreten nicht kontrollierend und gängelnd wirkt, sondern mehr Ausdruck von Interesse und Verantwortung ist. Treten Sie eher dezent und kollegial auf. Lassen Sie sich jedoch nicht durch gleichgültige oder abweisende Reaktionen abschrecken.

BEISPIEL:

»Na, Herr Adler, wie schaut's aus mit dem neuen Modul?« »Ja, wie soll's ausschauen? Alles okay!« »Mich würde interessieren, wie weit Sie sind und welche Lösung Sie gewählt haben. Es ging ja darum, eine Lösung zu finden, die so einfach ist, dass der Kunde damit nachher auch klar kommt.« Die Thematik kann dann in einem Fachgespräch vertieft werden. Im Anschluss bestärkt die Führungskraft den Mitarbeiter positiv oder greift gegebenenfalls korrigierend ein.

Wer Probleme mit Kritik hat

Niemand wird wirklich gern kritisiert. Aber Nähe-Typen, Ängstliche, Stars, wirkungsorientierte Motivationstypen, Gemütliche, Perfektionistinnen und Spezialisten sind aus unterschiedlichen Gründen besonders empfindsam. Nähe-Typen, Perfektionistinnen und Ängstliche empfinden Kritik häufig als Angriff auf ihre gesamte Person und reagieren geknickt und mutlos. Machen Sie deutlich, dass Sie die Mitarbeiterin und ihre Art grundsätzlich schätzen und lediglich eine bestimmte Verhaltens- oder Vorgehensweise meinen. Ressourcenorientiertes Denken hilft bei der Formulierung (siehe Kapitel »Die ressourcenorientierte Perspektive«).

BEISPIEL:

»Frau Schmidt, ich finde es wirklich gut, wie engagiert Sie sich auf den Abteilungssitzungen für unsere Interessen einsetzen. Das trauen sich viele gar nicht. Ich wurde kürzlich darauf angesprochen, wir – also unser Team – wären zu dominant und würden zu viel Raum einnehmen. Achten Sie doch bitte bei den nächsten Malen darauf, dass die anderen auch zum Zuge kommen und sich nicht von uns untergebuttert fühlen. Grundsätzlich freue ich mich, dass Sie sich so für uns und unsere Sache einsetzen. Trotzdem müssen wir darauf achten, dass wir die anderen nicht gegen uns aufbringen.«

Große Probleme mit Kritik haben Menschen mit stärker ausgeprägten narzisstischen Charakterzügen, Stars, aber auch manche wirkungsorientierte Motivationstypen. Sie wollen Bewunderung. Kritik wird als Angriff gesehen und abgewehrt oder ignoriert. Ihr Verhalten kann so abschreckend sein, dass man künftig vermeidet, sie zu kritisieren. Das lässt sich jedoch nicht mit Ihrer Rolle als Vorgesetzte vereinbaren. Sie müssen auch unangenehme Themen ansprechen. Bleiben Sie ruhig, zugewandt, geduldig und sachlich, auch wenn Ihr Gegenüber andere Verhaltensweisen zeigt. Dass Kritik nichts Schlimmes ist, sondern als Mittel zur persönlichen Entwicklung gesehen werden kann, ist ein wichtiger Lernprozess, der nicht von heute auf morgen stattfindet.

BEISPIEL:

A: »Herr Voss, die Programmierlösung, die Sie gewählt haben, ist wirklich raffiniert. Ich finde sie vom Ansatz her sehr intelligent. Ich denke nur, dass sie für unsere Kunden zu anspruchsvoll ist.« (konkrete Begründung anschließen) B (aggressiv): »Soll ich Ihnen etwa ein Modul auf Kinderfernsehen-Niveau programmieren? Ist es das, was Sie wollen?« A (ruhig): »Nein, ich finde Ihren intelligenten Ansatz sehr gut. Das Niveau würde ich gerne halten. Nur in der Bedienungsfreundlichkeit müssen wir uns stärker an den Nutzern orientieren. Und da möchte ich mit Ihnen nach einer alternativen Lösung suchen.« B (schnippisch): »Okay, dann machen Sie das. Mir ist das zu blöd.« A (ruhig): »Herr Voss, Sie wissen, dass ich aus dem Programmiergeschäft raus bin. Sie sind unser Experte, und auf Sie vertraue ich. Ich möchte gerne, dass Sie auf der Basis dessen, was Sie bereits entwickelt haben, ... (genau beschreiben). Ich bin mir sicher, dass Ihnen eine Lösung einfällt, die für den Nutzer einfach zu bedienen ist, im Hintergrund aber die Raffinesse besitzt, die in Ihrer Lösung angelegt ist.« B (grummelnd): »Okay, okay ...«

Gemütliche und bequeme Menschen fühlen sich durch Kritik meist weder verletzt noch angegriffen, sondern eher belästigt. Genauso wie sie auf klare Delegation angewiesen sind, brauchen sie klare und regelmäßige Rückmeldung. Sich selbst überlassen, bringen sie nicht den nötigen Leistungswillen und ausreichend Selbstdisziplin auf.

Meetings moderieren

In Meetings, Besprechungen, Workshops und Konferenzen sind alle Typen auf engem Raum an einem Tisch versammelt. Lassen Sie den Diskussionen einfach ihren Lauf, werden die Introvertierten sich zurückhalten und weitgehend schweigen, während die Extravertierten mit ihren Vorstellungen, Vorschlägen und Lösungen dominieren. Dies führt zu unausgewogenen Entscheidungen und über kurz oder lang zu Unzufriedenheit im Team. Als Teamleiter sollten Sie für Besprechungen immer auch Moderationsmethoden nutzen, die es den Teammitgliedern unabhängig von ihrem Temperament ermöglichen, sich einzubringen und Einfluss zu nehmen. Im Folgenden finden Sie eine Auswahl von Moderationstechniken, die für diese Zwecke geeignet sind.

Blitzlicht

Sie stellen eine Frage und bitten jeden um eine kurze Einschätzung. Jeder steht für kurze Zeit im Zentrum der Aufmerksamkeit. Blitzlicht ist eine hoch strukturierte Methode mit klaren Regeln. Jeder hat nur eine begrenzte (eher kurze) Redezeit.

Es wird nicht diskutiert oder kommentiert, jeder äußert seine eigene Einschätzung. Sagt Person 2 etwas, das Person 7 nicht gefällt, kann sie ihr nicht einfach ins Wort fallen, sondern muss warten, bis sie mit ihrer Sicht der Dinge an der Reihe ist. Auch Sie als Teamleiter dürfen sich nicht verführen lassen, Beiträge zu kommentieren. Diese strenge Struktur gibt den Einzelnen Schutz, das sagen zu können, was sie wollen, ohne von anderen unterbrochen oder angegriffen zu werden. Sie können die Methode auch ritualisiert zu Beginn oder am Ende eines Meetings einsetzen, um damit deutlich zu machen, dass jede Einzelne zählt und jeder Raum und Wertschätzung bekommt.

BEISPIEL:

Teamleiterin: »Hier liegen die ersten Entwürfe der Agentur für das Layout der neuen Website vor. Ich möchte von jedem von euch eine kurze Einschätzung, welcher Entwurf ihm am besten gefällt und mit welcher Version wir seiner Ansicht nach weiterarbeiten sollen. Lisa, fang du doch an, und dann lassen wir das Blitzlicht so durchlaufen.«

Ritualisiertes Blitzlicht zu Beginn oder am Ende: »Bevor wir loslegen, möchte ich kurz von jedem hören, wie es euch in der letzten Woche ergangen ist, und ob es etwas gibt, dass ihr hier heute mit uns besprechen wollt. Thomas, lass uns bei dir starten.«

»Okay, kurzes Blitzlicht zu unserem heutigen Meeting: Wie zufrieden sind Sie mit unserer Zusammenarbeit heute und den Ergebnissen? Frau Schmidt, möchten Sie beginnen?«

Kartenabfrage

Wenn es um die Abfrage von Ideen, Vorschlägen oder Problemen geht, ist oft ein Teil der Gruppe sehr aktiv – andere sagen gar nichts. Manchmal äußert eine zurückhaltende Person etwas, aber keiner registriert es. Der Vorschlag geht unter, auch wenn er Potenzial hätte. Das können Sie umgehen, indem Sie für das Sammeln von Vorschlägen Karten benutzen. Schreiben Sie die Leitfrage ans Flipchart und geben Sie jedem Teilnehmenden eine bestimmte Zahl an Karten. Jeder notiert nun mit einem dicken Stift gut lesbar und in Druckschrift seine Vorstellungen. Sie können die Karten einsammeln, so dass die Vorschläge anonymisiert sind. Dann sortieren und priorisieren Sie die Stoffsammlung gemeinsam mit der Gruppe. Die anonyme Form ist vor allem hilfreich bei Themen, die tabuisiert oder konfliktträchtig sind, oder in Gruppen, bei denen die Vertrauensbasis noch nicht stabil genug ist. Jeder kann seine Karten aber auch selbst vorstellen. So weiß jeder, wer was denkt und vorschlägt. Auch bei dieser Methode haben alle Teilnehmer die Möglichkeit, unabhängig vom Temperament oder dem Status in der Gruppe gleichermaßen Einfluss auf die Inhalte zu nehmen.

Punktabfragen

Wenn es darum geht, Situationen einzuschätzen oder Vorschläge auszuwählen, dominieren häufig redegewandte, extravertierte und durchsetzungsstarke Typen. Wollen Sie ein ausgewogenes Bild erhalten, arbeiten Sie mit Klebepunkten. Formulieren Sie die Fragen bzw. Vorschläge über eine horizontale Achse auf einem Flipchart. Jede Person erhält so viele Punkte, wie Fragen formuliert wurden, und bewertet dann. Das Ergebnis zeigt Ihnen, wie unterschiedlich die Sichtweisen sind, und es hilft Ihnen, die anschließende Diskussion so zu führen, dass nicht nur einige wenige ihre Meinung sagen.

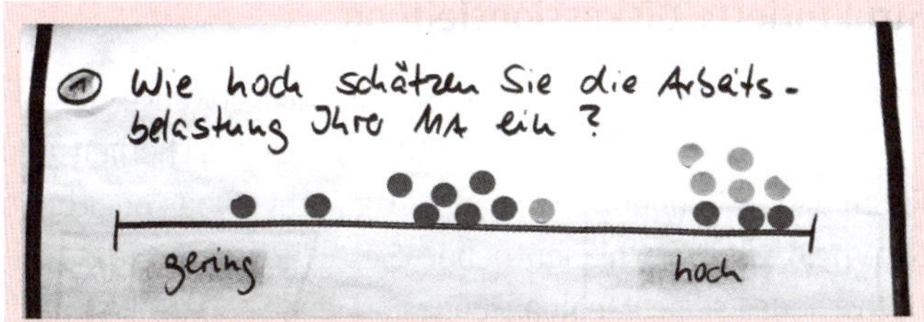

Einfache Bewertung im Team

Wollen Sie aus mehreren Vorschlägen Favoriten auswählen, ist es zielführender, wenn jeder mehrere Punkte erhält. Jeder hat z. B. sechs Klebepunkte und kann diese frei verteilen, wobei vorher festgelegt wird, wie viele Punkte maximal bei einem Thema geklebt werden dürfen. So ist eine deutlichere Differenzierung möglich: Meinen Favoriten kann ich mit drei Punkten markieren, den aus meiner Sicht zweitwichtigsten Vorschlag mit zwei und den dritten mit einem Punkt.

Fragen- & Themenspeicher

Themen	Punkte
Motivation	5
Konfliktbewältigung 17	
Zeitplanung 10	
Doppelte Rolle als Moderator/in 4	

Differenzierte Bewertung im Team

Strukturierte Diskussionsleitung

Halten Sie in Diskussionen eine Struktur ein, die auch den introvertierteren und eher randständigen Typen Sicherheit und Raum bietet. Bei der Darstellung eines Sachverhalts oder beim Sammeln von Vorschlägen geben Sie als Regel vor, dass zunächst jeder seine Meinung ungestört äußern darf. Erst nach dieser Klärungsphase sollte kontrovers diskutiert werden, allerdings mittels Argumenten und nicht in Form abfälliger Unmutsäußerungen. Achten Sie darauf, dass Bedürfnisse oder Vorschläge von Einzelnen nicht abgewertet werden, sondern konträre Meinungen nebeneinander stehen bleiben. Intervenieren Sie, wenn Dominantere Zurückhaltende durch Druck oder Aggression in die Defensive drängen. Ermuntern Sie zurückhaltende Personen gezielt, ihre Vorstellungen zu äußern. Geben Sie dabei einen sachlichen Grund an, warum Sie sie ansprechen, das gibt ihnen Sicherheit. Die Begründung »Du hast noch gar nichts gesagt«, ist dabei tabu, weil das vorwurfsvoll und wenig ermutigend klingt. Besser ist beispielsweise die Formulierung: »Ihr vom Marketing müsst ja auch mit dem Vorschlag leben, was ist für euch wichtig? Kannst du etwas dazu sagen, Lena?«

BEISPIEL:

Paul wertet Katrins Vorschlag folgendermaßen ab: »Ach, das ist doch Quatsch, das funktioniert eh nicht!« Ist Katrin ein eher sensibler Nähe-Typ wird sie sich zurückziehen und sich in die Diskussion nicht weiter einbringen. Die Intervention der Führungskraft könnte sein: »Paul, ich möchte erst einmal alle Vorschläge sammeln und dann in einem weiteren Schritt gemeinsam mit allen entscheiden, welche wir weiter verfolgen. Katrin, kannst du deinen Vorschlag noch mal wiederholen, damit ich ihn aufnehmen kann?« Später könnte sie zu Paul sagen: »Was schlägst du vor?«

Marvin ist der Typ »Spezialist«, hat fachliches Know-how, redet in Gruppensituationen von sich aus aber so gut wie nie. Die Intervention der Führungskraft: »Marvin, du kennst ja das Programm sehr gut. Was schlägst du vor? Sollen wir die zusätzlichen Module selbst programmieren oder den Auftrag an einen externen Dienstleister vergeben?«

Franziska ist ein Star-Typ und findet nur ihre Vorschläge toll, hört den anderen kaum zu. Intervention: »Franziska, ich habe deine Vorschläge in die Liste aufgenommen. Mir ist allerdings wichtig, dass wir eine gemeinsame Entscheidung treffen, hinter der wir dann auch alle stehen können. Ich fände es gut, wenn du die Sichtweisen und Einwände der anderen auch berücksichtigst. Was hältst du von Uwes Idee?«

Herr Lauer ist Pragmatiker. Ihm dauert die Diskussion verschiedener Vorschläge zu lange: »Lasst doch das ewige Rumgerede. Wir machen es einfach so wie immer. Das funktioniert doch prima.« Intervention: »Herr Lauer, die Option, alles zu machen wie immer, ist sicherlich eine, die wir haben. Aber ich finde es trotzdem gut, wenn wir etwas Zeit darauf verwenden, zu prüfen, ob wir eine bessere Lösung finden.«

Mit schwierigen Typen umgehen

Menschen, die in der einen oder anderen Hinsicht zu Extremen neigen, sind schwierig zu führen. Im Riemann-Thomann-Modell sind das die Personen, die sich an den äußersten Enden einer Achse befinden. Im Big-Five-Modell sind es diejenigen Menschen, die eine Dimension besonders stark ausgeprägt haben, z.B. sehr neurotizistisch, sehr wenig verträglich, sehr extravertiert sind. Im Folgenden stelle ich Ihnen eine kleine Auswahl extremer Typen vor. Wenn Sie sich in Ihren Unternehmen umschauen, werden Sie sicherlich auf die eine oder andere Person treffen, die einem Extrem nahe kommt. So selten sind die schwierigen Typen nämlich gar nicht. Der Übergang von extremer Ausprägung bestimmter Eigenschaften hin zu psychischer Erkrankung ist fließend. Da die Zahl der Krankschreibungen aufgrund psychischer Erkrankungen im letzten Jahrzehnt rasant angestiegen ist, ist anzunehmen, dass sich auch die Zahl der Mitarbeiter mit auffälligem Verhalten und eingeschränkter Leistungs- oder Teamfähigkeit erhöht hat. Stellen Sie sich darauf ein, dass Sie über kurz oder lang auch mit dem ein oder anderen eher schwierigen Typen im Team zu tun haben werden.

Narzissten

Narzissten fallen auf, weil sie auffallen wollen:

- Sie sind sehr ehrgeizig und tun alles dafür, sich von anderen abzuheben – sie möchten schneller, besser, schlauer, origineller, wagemutiger, reicher, eleganter sein, Hauptsache: besser als andere. Dafür setzen sie ihre ganze Energie ein und sind dadurch tatsächlich oft sehr leistungsstark.
- Sie brauchen und erwarten sehr viel Lob und Anerkennung, lieber noch Bewunderung, und haben trotzdem nie genug davon.
- Kritik können sie gar nicht ertragen. Sie reagieren darauf oft aggressiv, abwehrend, nachtragend oder sogar mit Racheakten.
- Sie empfinden wenig Mitgefühl für andere und sehen Beziehungen eher unter dem Nutzenaspekt. Wer ihnen nutzt, dessen Nähe suchen sie. Versprechen sie sich keinen Profit mehr aus dem Kontakt, ist es aus.

- Sie sind oft ruhelos und rastlos. Genug ist nie genug. Richtig genießen können sie ihre Erfolge nur kurzfristig.
- Sie neigen zum Größenwahn und zu Vorstellungen der Omnipotenz.
- Sie sehen sich in dauerndem Konkurrenzkampf, den sie natürlich um jeden Preis gewinnen müssen.
- Sie haben keine Skrupel, auch unlautere Mittel anzuwenden, wenn sie damit ihren Erfolg absichern können.

Psychoanalytisch erklärt man sich dieses Verhalten mit einem in der frühen Kindheit erlittenen Mangel. Diese Menschen haben nicht oder nur wenig die Erfahrung gemacht, dass sie für ihre engen Bezugspersonen wichtig waren. Es kann sein, dass es ihnen physisch an nichts mangelte, aber es fehlte »der Glanz im Auge der Mutter«, eine liebevolle Bejahung ihrer Existenz. Diesen Mangel versuchen Menschen mit einer narzisstischen Störung unbewusst durch dauernde Bestätigung von außen auszugleichen. Wegen ihres enormen Ehrgeizes und ihrer Bereitschaft zur Anstrengung gibt es in den Führungsetagen von Unternehmen und Institutionen anteilig mehr Narzissten als in der Normalbevölkerung. Wegen ihrer unterentwickelten sozialen Kompetenz laufen sie trotzdem Gefahr zu scheitern, wenn sie vor lauter Egozentrismus ihr Umfeld falsch einschätzen und sich dieses gegen sie verbündet. In der Big-Five-Dimension »Verträglichkeit« fallen sie durch sehr niedrige und in der Dimension »Neurotizismus« durch hohe Werte auf.

Was tun mit Narzissten im Team?

Es ist sicherlich angenehm, einen Mitarbeiter zu haben, der bereit ist, über die Maßen zu arbeiten und eine Spitzenleistung zu liefern. Schwierig ist es allerdings, ihn ins Team einzubinden. Narzissten lassen andere spüren, dass sie etwas Besseres sind, und verkaufen gern auch die Leistung anderer als ihre. Narzissten sind ein ständiger Konfliktherd in Ihrem Team. Es kann gut sein, dass ein solcher insgeheim denkt, er sei besser als Sie, und versucht, an Ihrem Stuhl zu sägen oder Sie links oder rechts zu überholen. Sie können ihm nicht voll vertrauen. Folgendes empfiehlt sich für den Umgang mit Narzissten:

- Menschen mit leichtem Narzissmus können Sie durch ausreichend Bestätigung und konstruktives Feedback, das von Sympathie getragen ist, gut führen. Denn gerade bei Auftritten und Außenkontakten können diese Mitarbeiter durch ihren Charme und ihr wirkungsbewusstes, kompetentes Auftreten positiv punkten. Sie müssen die Kooperation im Team jedoch deutlich einfordern und rechtzeitig reagieren, wenn die Person zu sehr auf einen Egotrip gerät. Bestimmte Berufe sind übrigens ohne eine Portion Narzissmus schwer auszuüben – z. B. vieles, was mit Außenwirkung, Bühne, Auftritt, Medien und Kunst zu tun hat.
- Stark narzisstisch ausgerichtete Persönlichkeiten sind auf Dauer in keinem Team gut zu führen. Ihr Egozentrismus und ihre Bereitschaft, ihr eigenes Fortkommen über alles zu stellen, macht ein gedeihliches Miteinander unmöglich. Narzisstische Störungen sind schwer zu therapieren, da bei

den Betroffenen zumeist kein Problembewusstsein vorliegt. Entsprechend schwierig ist es, einen Narzissten durch gute Führung teamfähig zu machen. Da ihr Ehrgeiz ohnehin in Richtung Fortschritt geht und sie stets einen Schritt, besser gleich mehrere Schritte auf der Karriereleiter nach oben streben, verbleiben sie von sich aus nicht lange an einer Station.

Jammerer

In fast jedem Kollegium gibt es mindestens eine Person, die häufig jammert, sich oft überlastet und überfordert fühlt. Nicht immer ist klar, ob eine wirkliche Überlastung vorliegt oder es einfach eine erfolgreiche Masche ist, sich Aufgaben vom Hals zu halten. Bei den Big Five haben diese Menschen eher niedrige Werte in der Dimension »Gewissenhaftigkeit« im Bereich »Kompetenz, Leistungsstreben und Selbstdisziplin« sowie eventuell erhöhte Werte im Bereich »Neurotizismus« im Bereich »Reizbarkeit, Depression und Verletzlichkeit«. Jammerer nerven die Menschen in ihrer Umgebung. Meist sind sie erfolgreich mit ihrem Verhalten, d. h., man geht ihnen aus dem Weg und fragt sie erst gar nicht, auch wenn es eigentlich ihre Aufgabe wäre zu helfen. Die Arbeitsteilung im Team kann dadurch in Schieflage geraten. Die Opferrolle, in die sich die Jammerer begeben, wirkt auf Außenstehende nicht professionell. Inakzeptabel und schädlich für das Unternehmen ist es, wenn sie sich bei Kunden oder anderen Externen beklagen.

Was tun mit Jammerern?

- Versuchen Sie durch eigene Anschauung und in Gesprächen zu prüfen, ob wirklich eine Überforderung vorliegt oder ob es sich eher um die Angewohnheit handelt zu jammern.
- Bei wirklicher Überforderung versuchen Sie gemeinsam herauszufinden, woran es liegt. Arbeitet die Mitarbeiterin unstrukturiert? Hat sie tatsächlich zu viel Arbeit? Macht sie mehr, als sie müsste? Hat sie Aufgaben, die nicht zu ihrem Persönlichkeitstyp passen? Kann sie nicht Nein sagen und erledigt sie viele Aufträge, die sie gar nicht machen müsste?
- Je nach Diagnose sind unterschiedliche Maßnahmen hilfreich, z. B. ein Seminar für Zeitmanagement, die gemeinsame Priorisierung von Aufgaben, klarere Definition des Verantwortungsbereichs, Umverteilung von Arbeit oder ein neues Aufgabengebiet, gezielte Schulungen für mehr fachliche Sicherheit, ein Seminar, bei dem der Mitarbeiter lernt, sich abzugrenzen und Nein zu sagen etc.
- Bei Menschen, die einfach aus Gewohnheit jammern, sollten Sie Ihren Eindruck im Mitarbeitergespräch klar thematisieren und ausdrücken, welche Wirkung das Verhalten auf Sie und andere hat.
- Verabreden Sie eindeutig und einvernehmlich, was der andere zu leisten hat und leisten kann.
- Bringen Sie klar zum Ausdruck, dass der Mitarbeiter Beschwerden an Sie zu richten hat und Sie nicht wollen, dass er sich bei Kollegen oder gar Kunden beklagt.

- Achten Sie darauf, dass Sie Teammitglieder, die nicht jammern, nicht stärker belasten als die Jammerer. Deren Abwehrverhalten würden Sie auf diese Weise sogar belohnen.

Die Negativen und Bedenkenträger

So wie es Enthusiasten mit rosa Brille und großer Begeisterungsfähigkeit gibt, muss es wohl auch Menschen geben, deren Lieblingsfarbe im Grau-Schwarz-Bereich liegt. Für sie ist das Glas immer halb leer, nie halb voll. Diesen skeptisch-kritischen Blick auf Neues werden Sie als Führungskraft nicht ändern können. Es ist diesen Menschen nicht gegönnt, von Beginn an das Positive im Neuen zu erkennen. Auf der Dauer-Wechsel-Achse stehen sie eher weit oben, bei den Big Five haben sie sehr geringe Werte im Bereich »Offenheit für Neues« und eventuell erhöhte Werte im »Neurotizismus«.

Was tun mit Negativen und Bedenkenträgern?

Akzeptieren Sie ihre skeptische Sicht auf alles. Was sich nicht ändern lässt, sollte man akzeptieren.

- Nutzen Sie die kritische Sicht gezielt bei der Einschätzung von Projekten und Vorhaben. Fordern Sie diese Mitarbeiter auf, ihre Bedenken vorzutragen und zu begründen. Nutzen Sie ihre Hinweise zur Verbesserung und Absicherung neuer Vorhaben. Sehen Sie sie als Korrekturhilfe für allzu euphorische Teammitglieder und als Schutz gegen zu viel Risiko.

- Lassen Sie sich nicht von ihnen runterziehen. Gehen Sie locker mit ihrer tendenziell negativen Sicht auf alles um. Niemand hat es sich ausgesucht, die Welt so zu betrachten, und manche leiden eventuell selbst an dieser Unfähigkeit, die Dinge positiver zu erleben.

Launische, Motzige und Cholerische

Menschen, die ihren negativen Gefühlen stark ausgeliefert sind bzw. freien Lauf lassen, zeigen hohe Werte in der Big-Five-Dimension »Neurotizismus« und geringere Werte im Bereich »Verträglichkeit«. Die schlechte Laune, die sie nach außen verbreiten, fühlen sie in der Regel wirklich. Allein mit Selbstdisziplin bekommt eine solche Person ihre Regungen meist nicht in den Griff, weil ihr ganzes Denken und Empfinden in diesen Momenten von der negativen Stimmung durchdrungen ist. Während bei einer Bedenkenträgerin eher der Intellekt negativ geprägt ist, ist bei einem Launischen das Gefühlsleben negativ eingefärbt. Vermutlich lassen sich neben einer genetischen Disposition auch Gründe in der Lebensgeschichte finden, die diese emotionale Instabilität erklären. Wenn eine Führungskraft das berücksichtigt, kann sie gelassener damit umgehen – leichter macht es die Aufgabe trotzdem nicht.

Was tun mit Launischen und Motzigen?

- Setzen Sie solche Menschen nicht in Bereichen ein, in denen sie mit Kunden zu tun haben. Auch im pädagogischen Umfeld, in dem Menschen auf stabile, verlässliche Beziehungen angewiesen sind, sind die Launischen und Motzigen nicht gut platziert. Besser geeignet sind Aufgaben, die sie phasenweise auch ohne viel Kontakt mit anderen bewältigen können und bei denen sie somit weniger Schaden anrichten.

- Ihr pampiger und vorwurfsvoller Ton macht Gespräche nicht immer einfach. Bleiben Sie geduldig, sehen Sie die bedürftige Seite bei diesen Menschen und versuchen Sie, ihr berufliches Umfeld so einzurichten, dass sie sich möglichst wohl und akzeptiert fühlen.
- Oft ist die seelische Unausgeglichenheit verbunden mit der Unfähigkeit, mit Stress umzugehen oder sich für eigene Bedürfnisse in angemessener Form einzusetzen. Bleiben Sie als Führungskraft in engem Kontakt, so dass Sie mitbekommen, wenn etwas nicht rundläuft.
- Sorgen Sie dafür, dass die Betroffenen sich im Bereich soziale und emotionale Kompetenz, Kommunikation und Konfliktlösung weiterbilden. So bekommen sie Anregungen, wie sie mit ihren Gefühlen angemessener umgehen und kritische Situationen im Gespräch besser lösen können.
- Ermuntern Sie Betroffene, sich professionelle Hilfe zu holen, wenn ihre Unausgeglichenheit auf private Probleme zurückzuführen ist, z. B. auf Erziehungs- oder Beziehungsprobleme, Krankheit oder Drogenmissbrauch.
- Zeigen Sie zeitnah Grenzen auf, wenn sich diese Mitarbeiter anderen gegenüber respektlos oder unangemessen verhalten. Machen Sie in Gesprächen eindeutig klar, welches Ver-

halten und welche Umgangsformen Sie von ihnen im Kontakt mit Kollegen und anderen erwarten.

Auf einen Blick: Gesprächsführung

- Benutzen Sie direktive und non-direktive Techniken – je nach Gesprächsziel und Mitarbeitertyp.
- Sie können andere nur überzeugen, wenn Ihre Argumente auf den jeweiligen Typ angepasst sind.
- Nicht alle lassen sich mit denselben Anregungen motivieren. Finden Sie heraus, welchen Motivationstyp Sie vor sich haben.
- Die Grundprinzipien der Delegation sind für alle gleich – setzen Sie jedoch typgerechte Schwerpunkte.
- Der eine braucht mehr Feedback, die andere weniger, der Dritte muss vom Vorteil eines Feedbacks erst überzeugt werden.
- Ihr Ziel in Meetings: den Teilnehmenden ermöglichen, sich unabhängig von ihrem Temperament einzubringen.
- Auch bei Typen, die zu Extremen neigen, gilt: Licht und Schatten sehen – fordern und Wege aufzeigen.

Literatur

Allport, G.W., Gestalt und Wachstum in der Persönlichkeit, Meisenheim 1970.

Edmüller, A./Wilhelm, T., Manipulationstechniken. So wehren Sie sich, Freiburg 2020.

Kanitz, A. von, Emotionale Intelligenz, München 2007.

Kanitz, A. von, Feedbackgespräche, München 2014.

Kanitz, A. von, Gesprächstechniken, München 2004.

König, K., Kleine psychoanalytische Charakterkunde, Göttingen, 4. Auflage 1997.

Martens, J./Kuhl, J. , Die Kunst der Selbstmotivierung, Stuttgart, 2. Auflage 2005.

Niermeyer, R./Seyffert, M., Motivation, München 2002.

Pörksen, B./Schulz von Thun, F., Kommunikation als Lebenskunst, Heidelberg 2014.

Rieman, F., Grundformen der Angst, München, 41. Auflage 2013.

Saum-Aldehoff, T., Big Five, Düsseldorf 2007.

Simon, W. (Hrsg.), Persönlichkeitsmodelle und Persönlichkeitstests, Offenbach 2006.

Stahl, E., Dynamik in Gruppen, Weinheim 2002.

Stichwortverzeichnis

Bedenkenträger 119
Big-Five-Modell 17
Blitzlicht 108

Dauer-Typ 28
Delegation, typgerechte 100
Distanz-Typ 26

Entwicklungsfeld 67
Extraversion 18

Feedback, typgerechtes 103

Gesprächsführung, typgerechte 80
Gesprächstechnik 83

Introversion 18

Jammerer, Umgang mit 117

Kartenabfrage 109
Kommunikationsstil 61

Leistungsproblem, Umgang mit 71

Moderationstechnik 108
Motivationstyp 97
Motivation, typgerechte 93

Nähe-Typ 25
Narzisst 114
Neurotizismus 18

Ordnung-Typ 28

Persönlichkeitsbildung 14
Persönlichkeitsdimension 18
Persönlichkeitsprofil 20
Punktabfrage 110

Riemann-Thomann-Kreuz 23

Test zur Persönlichkeit 22
Typgerechte Führung 59
Typgerechte Führung, Vorteile 11

Wechsel-Typ 29
Wertequadrat 67

Impressum

Bibliografische Information der Deutschen Nationalbibliothek
Die Deutsche Nationalbibliothek verzeichnet diese Publikation in der Deutschen Nationalbibliografie; detaillierte bibliografische Daten sind im Internet über http://www.dnb.dnb.de abrufbar.

Print: ISBN: 978-3-648-16028-2 Bestell-Nr.: 10707-0002
ePub: ISBN: 978-3-648-16029-9 Bestell-Nr.: 10707-0101
ePDF: ISBN: 978-3-648-16030-5 Bestell-Nr.: 10707-0151

Anja von Kanitz
Mitarbeitertypen – und wie Sie mit ihnen zusammenarbeiten
2. Auflage 2022

www.haufe.de
info@haufe.de
Redaktion: Jürgen Fischer
Bildnachweis (Cover): blackred / iStock by Getty Images;
Bildbearbeitung: Simone Kienle

Die Autorin

Anja von Kanitz

ist selbstständige Trainerin, Beraterin und Coach mit den Schwerpunkten Rhetorik, Kommunikation und Moderation. Sie verfügt über langjährige Praxis in der Personalentwicklung von Unternehmen, Institutionen und Verwaltungen.

Weitere Literatur

»Kommunikationsfallen erkennen und vermeiden«, von Anja von Kanitz, 256 Seiten, EUR 9,95. ISBN 978-3-648-12518-2, Bestell-Nr.: 10728

»Gesprächstechniken«, von Anja von Kanitz, Christine Scharlau, 256 Seiten, EUR 11,95. ISBN 978-3-648-12317-1, Bestell-Nr.: 00359

»Trennungsgespräche im Unternehmen – Wertschätzend, professionell, fair«, von Anja von Kanitz, 224 Seiten, EUR 44,95, ISBN 978-3-648-05503-8, Bestell-Nr.: 14002